Über den Autor

Werner Ederer ist geboren und aufgewachsen in Köln. Er studierte Mathematik und Informatik als Nebenfach. Seine berufliche Karriere fand in einem großen Unternehmen aus der Computer Branche statt, für die er auch zwei Jahre in den USA verbrachte. Werner Ederer ist verheiratet und hat drei erwachsene Kinder. Er hat immer gerne Schülerinnen und Schülern geholfen, mit den Untiefen der Mathematik klarzukommen und ihnen ein wenig Spaß daran zu vermitteln. Seine Mischung aus kölschem Humor und mathematischem Wissen hat ihn verleitet, ein Buch zu schreiben, das die Leser animieren soll, sich mit nicht alltäglichen Phänomenen auseinanderzusetzen und damit anzugeben, ohne sich selbst und die Materie allzu ernst zu nehmen.

Werner Ederer

Mathe für Angeber

tredition

© 2025 Werner Ederer

Druck und Distribution im Auftrag des Autors:

tredition GmbH, Heinz-Beusen-Stieg 5, 22926 Ahrensburg, Deutschland

Kontaktadresse nach EU-Produktsicherheitsverordnung: impressumservice@tredition.com

ISBN
Paperback   978-3-384-53946-5
Hardcover   978-3-384-53947-2

Inhaltsverzeichnis

Für meine Familie, die immer das Wichtigste in meinem Leben war und bleiben wird.

Vorwort

Sie haben dieses Buch gekauft und zumindest angefangen darin zu lesen. Ich nehme an, Sie hatten gute Gründe dafür. Es könnte sein, dass Sie ein notorischer Angeber sind, dem die Themen ausgegangen sind und sich hier neues Material erhoffen, mit dem Sie Ihren Mitmenschen auf die Nerven gehen können. Oder Sie wünschen sich Bestätigung von allen Vorurteilen, die Sie sich im Leben über Mathematiker aufgebaut haben. Vielleicht sind Sie selbst Mathematiker und lesen einfach alle Bücher über dieses Thema, derer Sie habhaft werden können. Es könnte auch sein, dass sie dieses Buch geschenkt bekommen haben und aus Höflichkeit zumindest das Vorwort lesen wollen. Was auch immer der Grund ist, sie lesen ein Buch für Angeber.

Laut Wictionary.org ist ein Angeber „eine Person, die ihre eigenen Leistungen freiwillig und unaufgefordert in den Vordergrund stellt." *Aufschneider* und *Prahler* sind einige der zahlreichen alternativen Begriffe. Besonders gut gefällt mir der Begriff *prätentiös*, das klingt intellektueller und viel positiver. Wahrscheinlich würden die meisten Leute niemals von sich behaupten, Angeber zu sein. Aber ist das so? Geben wir nicht alle gerne an mit Dingen, die wir wissen oder besonders gut können? Genießen wir nicht alle die mehr oder weniger stille Bewunderung, die uns das einbringt?

Wenn jemand das Hobby Modelleisenbahn hat und sich ein großes Wissen aufgebaut hat, behält er das für sich? Ein sehr guter Skifahrer, will der nicht gesehen werden, wenn er die Buckelpiste hinunter wedelt? Der Fahrer eines Sportwagens will nicht nur fahren, sondern gesehen (und gehört) werden. Aber Mathe?

Interessant ist, dass die meisten Menschen den Begriff Angeber negativ empfinden, vor allem hier in Deutschland. Und das, obwohl es alle mehr oder weniger intensiv tun. Weil das so ist, ist es eine Frage des Themas und der Dosis, ob uns Bewunderung entgegenschlägt, oder ob wir der nervige Aufschneider sind.

Das führt uns zur Kernfrage, der ich in diesem Buch nachzugehen versuche:

Kann man mit Mathe angeben? Wenn ja, wie und bei welchen Gelegenheiten?

Nun zunächst eine ernüchternde Antwort: Die meisten Menschen in Deutschland prahlen mit schlechten Noten in Mathe und damit, dass sie es eben *nicht* können. Das ist außergewöhnlich, denn normalerweise gibt man nicht damit an, etwas nicht zu können. Eine Erklärung könnte sein, dass es den meisten so geht und dass man sich der Masse zugehörig fühlt, wenn man sich outet. „In der Schule waren 70% von uns schlecht in Mathe und die andere Hälfte war auch nicht viel besser."

Dazu kommt, dass zumindest in der Schulzeit Mathematiker den Ruf hatten, Streber zu sein, fettige Haare und Pickel zu haben und beim Sport ständig über ihre eigenen Füße zu stolpern. Viele berühmte Personen wussten, dass man mühelos in der Öffentlichkeit Punkte sammeln konnte, wenn man sich als Null in Mathe outete. „Schaut her, dafür bin ich sportlich, kulturell interessiert und sehe gut aus" war die implizite Botschaft.

Nun, ich habe Mathematik studiert und erfülle kaum eines dieser Vorurteile. Ich habe eher die Erfahrung gemacht, dass es sehr interessante Geschichten, Phänomene und Paradoxen gibt, mit denen man durchaus angeben kann. Besonders interessant sind Phänomene, die man mathematisch berechnen und beweisen kann, obwohl sie unserer menschlichen Intuition völlig widersprechen.

Ich werde dazu einige Anregungen geben, nicht alle eignen sich zum Angeben bei jedem Anlass, deswegen rate ich zum dosierten Einsatz bei passender Gelegenheit, sonst steht man schnell als Streber oder Nervensäge da. Ich werde an einigen Stellen auch Ideen vermitteln, bei welchen Gelegenheiten man das eine oder andere Thema einbringen kann.

Aber keine Angst, ich werde mich nicht (oder nur selten) in der höheren Mathematik verlieren, sondern eher Beispiele und Geschichten präsentieren, die man mit normalem Schulwissen nachvollziehen kann.

In erster Linie aber soll das Thema Spaß machen und wenn ich sie das eine oder andere Mal zum Schmunzeln gebracht habe, hat sich die Mühe gelohnt.

Zum Inhalt:

Wir fangen mit einem eher einfachen Thema an, nämlich Zahlen. Das klingt zunächst wenig interessant, aber ich bin sicher, Sie haben einiges davon noch nicht gehört. Nach ein paar geschichtlichen Betrachtungen zur Entwicklung der Zahlen schauen wir uns an, wie man mit Kopfrechnen andere überraschen und beeindrucken kann. Es gibt Interessantes aus der Welt der ganz kleinen und der ganz großen Zahlen und wir schauen uns ein paar besondere Zahlen genauer an. Oder wissen Sie schon, was an der Zahl 73 besonders ist?

Maße und Gewichte sind ein eigenes Kapitel wert. Wer einmal Urlaub in den USA gemacht hat, weiß, was es heißt, wenn wir unser lieb gewonnenes Dezimalsystem verlassen. Wir werden untersuchen, wie viel ein Quäntchen Glück wiegt und woher die seltsamen Zahlbegriffe aus Frankreich kommen.

Verrückte Sachen passieren, wenn wir uns mit der Unendlichkeit befassen und wenn wir exponentielles Wachstum wirklich zulassen. Man kann mit unendlich vielen Zahlen rechnen, aber es geschehen seltsame Dinge. Und exponentielles Wachstum sprengt irgendwann all unsere Vorstellungskraft.

Wir befassen uns mit der Frage, wie man Musik und Kunst mathematisch beschreiben kann und wie die Natur sich an der Mathematik orientiert hat. Oder war es umgekehrt?

Die Königsdisziplinen Gleichungen und Beweise bieten dann Potenzial zu der höheren Kunst des Angebens. Mit diesen Kapiteln sollten Sie nicht anfangen!

Wahrscheinlichkeiten und Unwahrscheinlichkeiten bieten viel Anlass zum Spielen oder zum Angeben, während Sie im Freundeskreis kniffeln oder Roulette spielen. Sogar Wichteln lässt sich mathematisch untersuchen und Lotto spielen sowieso. Es werden ein paar Strategien untersucht, mit denen Sie Spiele gewinnen können. Wahrscheinlich jedenfalls. Auch hier wird unseren Intuitionen sehr oft ein Streich gespielt.

Schließlich beschäftigen wir uns mit Fehlern in der Mathematik, mit denen man verblüffen kann. Aus offensichtlich wahren Aussagen lassen sich auf mathematische Art und Weise Aussagen ableiten, die offensichtlich falsch sind. Aber keine Angst in all diesen Beispielen steckt ein Fehler, der ist nur nicht immer so leicht zu finden. Damit kann man dann gute Freunde zur Verzweiflung treiben.

Zum Schluss gibts noch ein paar Rätsel für Ihre nächste gesellige Runde sowie ein paar Witze und Zitate von und über Mathematiker, die Sie dann zu vorgerückter Stunde auspacken können.

All diese Kapitel können Sie in beliebiger Reihenfolge lesen, sie hängen nur sehr lose zusammen.

Ich hoffe, ich habe Ihre Neugierde geweckt und Sie haben Spaß beim Lesen und Angeben.

Bei Anregungen und weiteren Ideen können Sie mir gerne schreiben unter ede-mathefuerangeber@gmx.de

1 – Angeben mit Zahlen

Z ahlen sind das Lebenselixier der Mathematik, ohne sie geht
gar nichts. Mit Zahlen hat alles angefangen, wie frühe Funde
von vor ca. 40.000 Jahren zeigen. Zahlen lassen einen ein Leben lang nicht los, auch wenn man nach der Schule nicht das ge-
ringste mehr mit Mathe zu tun haben will. Jeder zahlt Rechnungen,
berechnet die monatliche Belastung durch eine Hypothek, will wissen, was 5 % Gehaltserhöhung denn bedeuten, oder will 3 Pizzen auf
9 Personen aufteilen. Zahlen sind alltäglich, wie also will man mit
Wissen oder Fähigkeiten rund um das Thema Zahlen angeben? Ich
werde in diesem Kapitel ein paar Anregungen geben. Dazu gehören
wirklich interessante Tipps zum Kopfrechnen (eine Disziplin, die irgendwie verloren gegangen scheint), bis hin zu Hintergründen über
Zahlen wie 0,1, π, e, 42, 73, $\sqrt{2}$. Es wird um Primzahlen gehen (insbesondere sehr große) und wozu sie gut sind. Aber wie wurden Zahlen überhaupt erfunden und warum? Fangen wir mit einer kleinen
Geschichte der Zahlen an, die man in lockerer Runde mit Freunden
erzählen kann:

Wie sind Zahlen entstanden

Die Geschichte der Zahlen lässt sich ungefähr 40.000 Jahre
zurückverfolgen, zumindest stammen aus dieser Zeit die ersten
Funde, die man auf Zahlen zurückführen kann. Damals dienten
Zahlen tatsächlich ausschließlich dem Zweck, Dinge zu zählen,
Tiere, Früchte, Nüsse usw. Zunächst kam man mit wenigen Zahlen
aus, wie z.B. der 1. Alles darüber hinaus war „viele". Man hatte
also 1 Schaf in der Herde oder viele.

Zählen mit Fingern und Strichlisten

Die Finger der Hände zu nutzen, war wohl von Anfang an
gebräuchlich (viele machen das heute noch), wurde aber ab einer
Zahl von 10 umständlich, zumindest wenn man Schuhe trug und

die Zehen nicht zu Hilfe nehmen konnte. Wollte man größere Mengen zählen, half man sich mit Strichen, die in Stöcke oder Knochen geritzt wurden. Wollte man also wissen, wie viele Tiere in einer Herde sind, so ritzte man

in einen Stock und konnte dann immer kontrollieren, ob Tiere verloren gegangen waren oder wie sich die Herde vermehrte. Das ging lange gut, denn die Größen von Mengen, die gezählt werden sollten, hielt sich in Grenzen und wirkliches Rechnen wurde noch nicht gebraucht. Trotzdem war das System unhandlich.

Die Babylonier und das Sexagesimalsystem

Im zweiten und dritten Jahrtausend vor Christus definierten die Babylonier dann ein Zahlensystem, das mit 59 Zahlen auskam. Dieses System nennt man Sexagesimalsystem (60-er System). Wahrscheinlich haben sie die Basis 60 von den Sumerern und Akkadern übernommen, haben aber daraus ein Stellenwertsystem gemacht und damit mathematische Berechnungen angestellt. Das vereinfachte den Umgang mit damals üblichen Mengen an Vieh oder Handelswaren, war aber auch bereits geeignet, Landvermessung durchzuführen oder astronomische Beobachtungen zu dokumentieren. Ab 60 wurde dann mit mehreren Keilzeichen mit Lücken dazwischen gearbeitet, wodurch dieses System zu einem Stellenwertsystem wurde, d.h. die Stelle eines Zahlensymbols bestimmt dessen Wert. Interessant ist, dass die Babylonier mit nur zwei Symbolen auskamen:

Υ war das Zeichen für die 1, $\triangleleft$ bedeutete 10. Alle anderen Zahlen waren Kombinationen aus diesen beiden Zeichen. So bedeutete

 die Zahl 57.

Im Anhang finden Sie eine Tabelle mit allen Zeichen von 1 bis 59. Da das System ein Stellenwertsystem ist, gab es Zahlen, wie z.B.

Fehlende Platzhalter und Trennzeichen machten es recht umständlich, mit großen Zahlen zu rechnen, die Lücken oben trennen die einzelnen Stellen voneinander. Dieses Beispiel lautet übersetzt:

$$4\ 21\ 57\ 30.$$

Ähnlich wie im Dezimal- oder Binärsystem rechnet man das wie folgt in unser Dezimalsystem um:

$$4*60^3 + 21*60^2 + 57*60^1 + 30*60^0 = 943.050.$$

Die 60 entspricht dann wieder dem Symbol Y , jetzt aber mit einer Lücke rechts, da dieses Symbol an der zweiten Stelle steht. Die 1 und die 60 konnte man nun wirklich nicht mehr auseinanderhalten und musste sie aus dem Kontext heraus erkennen. Die Babylonier kamen mit diesen Lücken anscheinend zurecht. Erst viel später wurde der Kringel als Lückenfüller etabliert und der hat sich zur Null entwickelt. Aber davon in einem anderen Kapitel.

Auch das „kleine" Einmaleins war schwierig, denn im Gegensatz zum Dezimalsystem mit seinen neun Ziffern brauchte man 59 Ziffern und deren Rechenregeln. Und da beschweren sich heute Schüler, wenn sie ein bisschen Kopfrechnen sollen! Jedenfalls gab es bei den Babyloniern Rechentafeln, um das zu erleichtern. Spuren des 60-er Systems findet man heute noch, eine Stunde hat 60 Minuten, eine volle Umdrehung eines Kreises hat 6*60, also 360 Grad. Warum 60 als Basis genommen wurde, ist nicht erwiesen. Möglicherweise war der Grund, dass sich die Zahl 60 durch viele Zahlen teilen lässt (1, 2, 3, 4, 5, 6, 10, 12, 15, 20, 30, 60). Darüber hinaus gab es viele andere Spekulationen, z.B. dass man mit den Fingern bis 60 zählen kann, wenn man jedes Fingerglied hinzunimmt. Die vier Finger der einen Hand unterteil man in 12 Segmente, den Daumen nutzt man zum Zählen innerhalb der Segmente. Die Finger der anderen Hand sind Multiplikatoren, hält man einen hoch, so bilden die Segmente der vier Finger an der anderen Hand die Zahlen 13-24, bei zweien sind es die Zahlen 25-36 usw. Ich habe es versucht und 17+23 ausgerechnet bzw. abgezählt. Es geht, aber nicht sonderlich gut. Mit ein bisschen Übung kann man es im Freundeskreis durchaus mal vormachen.

Funde von Tontafeln, die aus der Zeit um 1800 vor Christus stammen, zeigen, dass die Babylonier mit Brüchen umgehen konnten, quadratische und kubische Gleichungen behandelten, den Satz des Pythagoras verwendeten und eine erst Näherung von $\sqrt{2}$ berechnet hatten. Daher werden die Babylonier von vielen heute als die Urahnen der Mathematik angesehen.

Die Ägypter und ihr 10-er System

In derselben Zeitepoche erfanden die Ägypter ein 10-er System und Hieroglyphen zur Darstellung auch sehr großer Zahlen (z.B. einen Zeigefinger für 10.000). Jede Zehnerpotenz bis 1.000.000 hatte ein eigenes Zeichen. Da das ägyptische System kein Stellenwertsystem war, brauchte man für Zahlen wie 889 sehr viele Hieroglyphen und die wurden alle in Stein gemeißelt:

ϩϩ ϩ ϩϩ ϩ ϩϩ∩∩∩∩∩∩∩ ||||||||

Im Anhang finden Sie alle Zahlzeichen für die Zehnerpotenzen von damals. Auch Brüche konnten die Ägypter mithilfe von

Hieroglyphen darstellen, wobei sie jeden Bruch als Summe von Stammbrüchen (Brüche mit Zähler 1) und 2/3 schrieben. Für Stammbrüche wurde eine Hieroglyphe „Mund" oben und dann die entsprechende Zahl des Nenners mit den klassischen Hieroglyphen nach unten geschrieben.

1/20 entsprach dann  und war das Zeichen für 2/3.

Die Zahl 10 als Basis bietet sich schon dadurch an, dass die menschliche Hand 10 Finger hat und man sich an diese Zahl schlicht gewöhnt hatte. Hätten wir 16 Finger, dann würden wir heute wahrscheinlich in einem Hexadezimalsystem rechnen.

Römische Zahlen und der Abakus

Die Römer erfanden dann um 100 nach Christus ein 10-er System, das mit recht wenigen Zeichen auskam. I = 1, X = 10, C = 100, M = 1000 sowie V = 5, L = 50, D = 500. Außerdem spielte es eine Rolle, ob z.B. ein I vor oder nach einem V geschrieben wurde. IV = 4, VI = 6. Heute schreibt man das Jahr MMXXV. Das kann man ja mal mit dem Strichsystem oder dem babylonischen Sexagesimalsystem versuchen.

Allerdings scheitert dieses System bei sehr großen Zahlen. Das Römische Reich hatte um 100 nach Christus eine Grenze von ca. 3.000 römischen Meilen (1 Meile ≈ 1480 m, die Entfernung, die ein römischer Soldat mit 1000 Doppelschritten zurücklegen konnte) und eine Fläche von ca. 1 Millionen Quadratmeilen. Ich weiß nicht, ob die Römer das so genau wussten oder ob der römische Kaiser jemals einen seiner Beamten beauftragt hat, ihm diese Zahlen zu liefern. Der arme Mensch hätte dann 1.000-mal ein M in eine Tontafel ritzen müssen. Daher wurden für ganz große Zahlen eigene Zeichen erfunden, wie ⊕ für 100.000.

Brüche waren damals ebenfalls bekannt, allerdings nutzten die Römer als Basis die 12, wohl, weil sich die am häufigsten genutzten Brüche *die Hälfte, ein Drittel, ein Viertel* alle durch Vielfache von 1/12 darstellen ließen. Das römische Wort für die 12 war *Uncia*, woraus sich der Begriff *Unze* abgeleitet hat.

Komplizierte Rechnungen waren umständlich, da das System kein Stellenwertsystem war. Dafür erfanden die Römer dann eine Rechenmaschine (Computer auf Englisch), den Abakus. Eigentlich haben sie ihn nur wieder erfunden, denn die Sumerer kannten schon solch ein Gerät im dritten Jahrtausend vor Christus. Um 200 vor Christus haben die Chinesen ein ähnliches Rechenbrett erfunden und Suanpan genannt. Der Name Abakus hat sich in der westlichen Welt aber durchgesetzt und die Patentämter waren damals noch nicht so richtig aktiv. Der römische Abakus hatte vertikale Schnitte, auf denen kleine Steinchen verschoben wurden. Diese Steinchen heißen *Calculi* auf Latein, daraus entstand dann der Begriff *Kalkulation*.

Übrigens, der Grund, warum die Römer mit V ein eigenes Symbol für die 5 erfanden, könnte daran liegen, dass wir Menschen Mengen bis zu vier Elementen intuitiv erfassen können und erst ab dann anfangen müssen zu zählen. Darüber gibt es mittlerweile einige Studien. Deshalb schreiben wir bei Strichlisten jeden fünften Strich als Querstrich durch die anderen vier. Ob die Römer das wussten?

Das Vigesimalsystem der Mayas

Im 6. Jahrhundert nach Christus erfanden die Mayas in Mittelamerika ein Zwanzigersystem, das sogenannte Vigesimalsystem. Sie bildeten Bündel von 5-er und 20-er Päckchen, die sie übereinanderschrieben und damit als Stellenwertsystem große Zahlen darstellen konnten. Als Zeichen nutzten sie lediglich einen waagrechten Strich für die 5 und einen Punkt für die 1, sowie ein eigenes

Zeichen (eine Muschel) für Null, die allerdings noch nicht als Zahl, sondern als Platzhalter in ihrem Stellenwertsystem genutzt wurde.

$\overset{\cdot\cdot}{=}$ war somit eine 12

$\overset{\displaystyle\cdot}{\underset{=}{\overset{\cdot\cdot}{}}}$ ergab 1*20 + 12 = 32

Immerhin bauten sie damals schon große Pyramiden und betrieben Buchführung in Handelsgeschäften. Erstaunlicherweise rechneten die Mayas mit Zahlen bis zu 100 Millionen. Ihre Kultur ging zwar unter, aber Spuren dieses 20-er Systems findet man noch heute, z.B. in Frankreich, wo die Zahl 80 immer noch quatre-vingt, also 4*20 heißt. Die 20 als Basis könnte daher rühren, dass die Mayas auch die Zehen zur Hilfe nahmen.

Unser Dezimalsystem

Das erste Zahlensystem, das auf beliebig große Mengen ausgerichtet war und das dann schließlich auch für komplizierte Berechnungen benutzt werden konnte, wurde im 1.-4. Jahrhundert nach Christus in Indien erfunden. Dieses Zahlensystem basierte auf 10 Ziffern. Die Araber übernahmen dieses System und entwickelten es zum heute gebräuchlichen Dezimalsystem mit *Arabischen Ziffern*. Er dauerte damals noch ca. 800 Jahre, bis das Zahlensystem dann von einem Mathematiker namens Fibonacci in einem Buch *Liber Abaci* in Europa eingeführt wurde. Über diesen Mathematiker wird später in diesem Buch noch die Rede sein. Lange Zeit noch tobte ein Kampf zwischen den Anhängern der römischen Zahlen und denen der arabischen. Erst im 16. Jahrhundert setzten sich letztere durch, nicht zuletzt durch den Rechenmeister Adam Ries, der Lehrbücher zum Rechnen mit diesen Zahlen herausbrachte. Seitdem hat sich der Spruch „Rechnen nach Adam Riese" etabliert, obwohl er Ries hieß und nicht Riese. Am Ende hat unser heutiges Dezimalsystem 1200 –

1500 Jahre gebraucht, um von Indien nach Europa zu gelangen. Damals tickten die Uhren noch deutlich langsamer.

Statt der Striche, die vor 40.000 Jahren zum Zählen benutzt wurden, konnte man also jetzt einfach *39* schreiben und wenn im nächsten Jahr 12 Junge geboren wurden und 3 ältere gestorben waren, konnte man ausrechnen, wie groß die Herde jetzt war. Man konnte auch über Zahlen sprechen, da es jetzt eine Bezeichnung für Zahlen wie *39* gab. Das war bei

nicht so einfach. Die Ägypter hätten ∩∩∩|||||||||| in Stein gemeißelt, bei den Römern wäre es XXXIX. Letztendlich ist das heutige Dezimalsystem ebenfalls ein Stellenwertsystem, bei dem der Wert einer Ziffer von ihrer Stelle in der Zahl abhängt. Die 3 ist z.B. einfach eine Drei. Bei 31 ist sie eine Dreißig, bei 3.000.000 eine 3-Million. Im nächsten Kapitel wird dann erklärt, wieso aus diesem System dann eine Zahl namens Null entstand, obwohl sie doch eigentlich keinen Wert hat.

Eine kleine Geschichte über die Null

Wenn ein Mathematiker zwischen einem Stück Kuchen und ewigem Glück wählen soll, wird er immer den Kuchen wählen. Nichts ist wichtiger als ewiges Glück und ein Stück Kuchen ist besser als nichts.

Wie im vorigen Kapitel beschrieben, ist die Mathematik als Wissenschaft schon sehr alt, schätzungsweise 5.000 Jahre oder älter. Auch wenn erste Hinweise auf Zahlen schon viel älter sind, waren es wohl die Babylonier, die komplexere Berechnungen anstellten. Gemessen an diesem biblischen Alter ist die Null eine recht junge Zahl, sie wurde erst im 7. Jahrhundert in Indien als Zahl anerkannt. Vorher tat man sich schwer mit einer Zahl, die keinen Wert hat, die eigentlich nur beschreibt, dass etwas nicht vorhanden ist. Es gab zwar schon lange Symbole für den Wert *nichts*, z.B. die Hieroglyphe *nefer* bei den Ägyptern, die verwendet wurde, wenn Ausgabe und Eingang von Waren gleich waren.

Notwendig wurde die Null, als es die ersten sogenannten *Stellenwertsysteme* gab. Das sind Zahlensysteme, mit denen man immer größere Zahlen darstellen kann, also zum Beispiel auch unser Dezimalsystem. In solchen Systemen hängt der Wert einer Ziffer von ihrer Stelle ab. Wie wir schon im vorigen Kapitel gesehen haben, gab es vorher Zahlensysteme, mit denen man nur sehr schwer rechnen oder größere Zahlen darstellen konnte. Die Römer hatten zum Beispiel Buchstaben wie I für die 1, V für die Fünf, X war die Zehn, L die 50, C die Hundert, D 500 und M 1000. Ich bin zum Beispiel im Jahre MCMLXI geboren. Heute schreiben wir das Jahr MMXXV. Wie rechnet man jetzt mein Alter aus? Viel Spaß!

Das Dezimalsystem ist da viel einfacher, aber was passiert, wenn man 98+7 rechnen will? Heute schreibt man ganz selbstverständlich 105, aber wie macht man das, wenn es keine Null gibt? Lange hat man einfach Lücken gelassen, aber das war auch nicht sehr befriedigend. 1 5 mag ja noch gehen, aber welche Zahl verbirgt sich hinter 37 45 3   1? Wie viele Lücken sind das denn? Also beschloss man, einen Platzhalter einzusetzen, den man sehen konnte. Dieser Platzhalter bedeutete: Hier steht nichts. Man hätte alles Mögliche nehmen können, Quadrate, Dreiecke, Striche oder Kringel. Aus welchem Grund auch immer hat sich der Kringel - oder wahlweise ein schwarzer Punkt - durchgesetzt. Die Zahl oben wurde also zu 37ooooo45o3ooooo1. Nun war es also sichtbar, wie viele Lücken entstanden sind und man war erst mal zufrieden.

Es dauerte einige Zeit, bis Mathematiker diesen Kringel als Zahl interpretierten, obwohl es immer noch nicht klar war, warum man eine Zahl brauchte, die selbst keinen Wert hatte. Im Arabischen hieß die Null dann sifr, daraus hat sich wohl der Begriff Ziffer abgeleitet.

Wenn es aber eine Zahl ist, dann muss man auch damit rechnen können. Wenn man mit der Null addiert oder subtrahiert, passiert gar nichts, der Wert bleibt unverändert. 3+0 = 3, 7-0 = 7 usw. Ziemlich langweilig und schon haben wieder viele Leute behauptet, man braucht die doch gar nicht. Wenn man aber mit der Null multipliziert, wird sie ziemlich rabiat und macht alles platt. Es gibt ein kölsches Lied, das heißt „Dreimol null ess null bliev Null" – übersetzt ins hochdeutsche heißt das: 3*0=0. Egal welche Zahl, Variable oder welchen Term man mit Null multipliziert, das Ergebnis ist immer Null.

Kommen wir zur Division. Was passiert eigentlich, wenn man durch Null dividiert? Nun, das ist nicht so einfach und damals haben die Mathematiker eine Weile mit dieser Frage gekämpft. So heißt es im Brahmasphutasiddhanta (7. Jahrhundert): *„Eine positive oder negative Zahl ist, wenn sie durch Null geteilt wird, ein Bruch mit der Null als Nenner. Null geteilt durch eine negative oder positive Zahl ist entweder Null oder wird als Bruch mit der Null als Zähler und der endlichen Menge als Nenner ausgedrückt. Null geteilt durch Null ist Null."* Das ist seltsam, dann jede Zahl durch sich selbst geteilt gibt doch 1?

Heute wissen wir es besser. Wir können uns der Antwort ein bisschen annähern. Nehmen wir eine Zahl, die schon ziemlich nahe an der Null ist, z.B. 1/1000. Wenn wir eine Zahl wie die 1 durch 1/1000 dividieren, kommt 1000 heraus (Wir erinnern uns an die Schulzeit: Man teilt durch einen Bruch, indem man mit dem Kehrwert multipliziert). Gehen wir noch näher ran und dividieren die 1 durch 1/1.000.000, dann ergibt das 1.000.000. Je näher man also an die Null herankommt, desto größer wird das Ergebnis der Division. Wenn wir negative Zahlen nehmen, die nahe an der Null liegen, dann sind auch die Ergebnisse sehr „große" negative Zahlen. Dazwischen ist einfach kein Platz für ein sinnvolles Ergebnis von 1/0. Die folgende Grafik zeigt die Funktion f(x) = 1/x, die aus gutem Grund bei der Null nicht definiert ist.

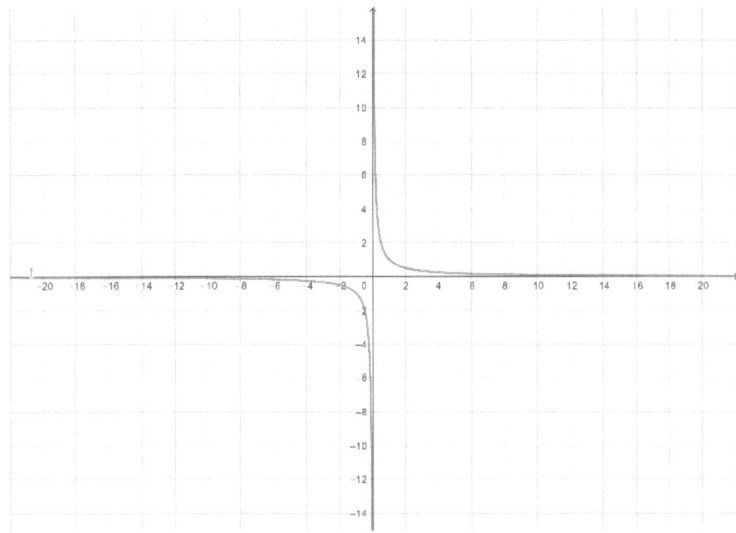

Daher die Regel: Teile nie durch Null. Das macht man nicht, das Ergebnis wäre Unsinn. Diese Operation ist einfach nicht definiert. Versuchen sie es mal in den Taschenrechner einzugeben.

1977 wurde während einer Übungsfahrt eines amerikanischen Kreuzers ein neues Computerprogramm getestet. Plötzlich schalteten sich auf einen Schlag alle Aggregate ab und der Kreuzer war manövrierunfähig. Nach langer Fehlersuche stellte sich heraus, dass ein Programmierer eine Division durch Null eingefügt hatte. Der Computer versuchte, diesen Rechenschritt zu lösen, erschöpfte dabei all seine Ressourcen und schaltete sich ab.

Zum Schluss noch eine nicht ganz ernst zu nehmende Erklärung, was passiert, wenn man durch Null teilt: Nun, es entsteht etwas unendlich Großes oder schweres, ein schwarzes Loch mit unendlicher Masse, das unsere Erde mit allen Bewohnern, das Sonnensystem, unsere Galaxie und alles Licht verschlingt. In der Mathematik gibt es einen Begriff dafür – es entsteht eine *Singularität*. Wenn Sie das also nicht wollen, dann halten Sie sich an die Regel – *Teile nie durch Null*. Der US Comedian Steven Wright hat einmal gesagt: „Schwarze Löcher sind dort, wo Gott durch Null dividiert hat". Wir kommen auf dieses Thema noch zurück.

Ansonsten hat die Null spätestens seit Erfindung des Computers an Bedeutung gewonnen, weil sie zusammen mit der Eins die leistungsstärksten Computer möglich macht, von Großrechnern über PCs und schließlich Smartphones. Was wären wir also ohne die Null? Nichts!

Übrigens: In der Welt der Computer beschreibt die Null, dass kein Strom fließt, also wieder einmal das irgendwas nicht da ist.

Die meistunterschätzte 1

Die 1 ist in der Mathematik eine recht bedauernswerte Zahl, mit ihr zu rechnen ist meist ziemlich langweilig (beim Multiplizieren und Dividieren passiert rein gar nichts) und sie wird oft einfach ignoriert und versteckt. Da Mathematiker immer bestrebt sind, sich möglichst kurz und einfach auszudrücken, schreiben sie die 1 nur im äußersten Notfall hin. Ansonsten lassen sie sie einfach weg, obwohl sie eigentlich da ist. Wenn also ein Mathematiker eine Variable benutzt, z.B. x, dann schreibt er nur das x hin, nicht aber die 1, die davorsteht und auch nicht die 1, die unter dem Bruchstrich steht. Sonst müsste er ja $\frac{1*x}{1}$ schreiben, und das ist einem Mathematiker einfach zu umständlich. Außerdem sieht es ziemlich blöd aus. Er versteckt die 1 also. Das macht er auch gerne bei Vorzeichen. -x ist eigentlich (-1)*x.

Nur manchmal muss die 1 dann aus ihrem Versteck raus und an der Oberfläche erscheinen. Wenn ich folgende Gleichung nach x auflösen will, durch was muss ich denn teilen, um das Vorzeichen wegzukriegen? Man kann ja nicht einfach durch Minus teilen.

$$-x = -5$$

Wenn wir hier die 1 aus ihrem Versteck holen, dann wird es klar.

$$(-1)^*x = (-1)^*5 \quad | :(-1)$$
$$x = 5$$

Auch beim Ausklammern muss die 1 möglicherweise aus ihrem Versteck auftauchen, z.B.

$$-a+5ab = (-1)^*a+5ab = a^*(-1+5b)$$

Auch die 1 unter dem Bruchstrich ist meistens versteckt, z.B. $4 = \frac{4}{1}$ und $x = \frac{x}{1}$. Was aber, wenn ich einen Bruch durch eine ganze Zahl teile, beispielsweise $\frac{4}{9} : 4$? Die Regel besagt, dass ich mit dem Kehrwert multiplizieren muss, also in diesem Beispiel mit dem Kehrwert von 4. Jetzt holen wir die 1 aus ihrem Versteck und stellen fest: Der Kehrwert von 4 ist der Kehrwert von $\frac{4}{1}$, also $\frac{1}{4}$. Damit löst sich die Aufgabe oben so:

$$\frac{4}{9} : 4 = \frac{4}{9} * \frac{1}{4} = \frac{1}{9}$$

Auch bei der pq Formel kann sich eine 1 verstecken. Zur Erinnerung an die Schulzeit: Die Lösung einer quadratischen Gleichung der Form

$$x^2 + px + q = 0 \text{ lautet: } -\frac{p}{2} \pm \sqrt{\left(\frac{p}{2}\right)^2 - q}$$

Was aber ist in der folgenden Gleichung das p: $x^2 + x + 2 = 0$? Auch hier wird es Zeit, die 1 sichtbar zu machen: $x^2 + 1^*x + 2 = 0$. Damit ist klar, dass p=1 ist und man kann die Formel benutzen.

Die Eins darf sich auch nicht Primzahl nennen, obwohl sie wie alle Primzahlen nur durch 1 und sich selbst teilbar sind. Diese Ehre wurde ihr nicht zu Teil, was aber auch ziemliches Chaos verhindert hat. Man denke nur an die Primfaktorenzerlegung, wenn die 1 mitmischen würde.

Aber keine Angst, die 1 kommt trotz alledem nicht zu kurz. Sie ist die kleinste Quadratzahl (übrigens auch Kubikzahl), zusammen mit der Null reicht sie aus, um komplizierte Computerprogramme zu erstellen, sie führt von einer natürlichen Zahl zur nächsten, und man fängt meistens mit ihr an zu zählen. Man könnte also sagen, sie ist prominenter und wichtiger als alle anderen natürlichen Zahlen. Außer vielleicht der Null, aber davon hatten wir es ja schon.

Negative Zahlen

Ein Theologe, ein Physiker und ein Mathematiker sitzen vor einer Höhle. Alle drei sind sich sicher, dass sich niemand in der Höhle befindet. Nach einer Weile sehen sie, wie drei Menschen die Höhle betreten. Einige Zeit später kommen fünf Leute heraus. Darauf der Theologe: „Wunder gibt es immer wieder". Der Physiker sagt: „Ich traue meinen Augen nicht", worauf der Mathematiker bemerkt: „Wenn jetzt zwei Leute reingehen, ist die Höhle wieder leer".

Zugegeben, einer der zahlreichen Mathematiker Witze, die man lustig finden kann oder nicht. Aber tatsächlich haben viele Jahrhunderte lang die klügsten Mathematiker bezweifelt, dass negative Zahlen irgendeinen Sinn machen, weil sie jeder Beobachtung in der Natur widersprechen.

Die Griechen, die in den Jahrhunderten vor Christus große Mathematiker wie Euklid oder Pythagoras hervorbrachten, sahen negative Zahlen als sinnlos an. Hintergrund ist, dass die Mathematik zu dieser Zeit sich auf Geometrie konzentrierte und dass negative Längen oder Flächen keinen Sinn machten.

Die Chinesen benutzen negative Zahlen im zweiten Jahrhundert vor Christus zur Erhebung von Steuern und beim Handel. Dabei wurden positive Zahlen rot, negative Zahlen schwarz dargestellt. Heute macht man es umgekehrt.

Die ersten ernsthaften Rechenregeln für negative Zahlen wurden vom indischen Mathematiker Brahmagupta im 7. Jahrhundert dokumentiert, zusammen mit der Null, wie wir vorher bereits gesehen haben. Er nannte die negativen Zahlen *Schulden* und die positiven Zahlen *Vermögen*.

Europa war wieder einmal spät dran. Dort wurden die negativen Zahlen im 15. Jahrhundert eingeführt. Kurz darauf wurde die doppelte Buchführung erfunden, wie sie im Wesentlichen heute noch angewendet wird.

Bis ins 19. Jahrhundert rechnete man zwar mit negativen Zahlen, man tat sich aber mit ihrer Bedeutung immer noch schwer. Der Mathematiker Francis Maseres schrieb noch im 18. Jahrhundert: „Negative Zahlen verfinstern die bisherigen Ansichten über Gleichungen und verdunkeln die Dinge, die ihrer Natur nach absolut offensichtlich und einfach waren."

Erst mit der Erforschung der Zahlentheorie etablierten sich negative Zahlen als fester Bestandteil der Arithmetik.

Den Mathematiker aus dem Witz eingangs interessiert das alles wenig. Die Frage, wie es denn sein kann, dass in einer Höhle -2 Personen sind, überlässt er dem Theologen. Rein mathematisch ist er mit sich und der Lösung der Aufgabe im Reinen.

Kopfrechnen

Kopfrechnen trainiert das Gehirn und hilft in vielen Alltagssituationen wie an der Supermarktkasse oder beim Einschätzen von Plausibilitäten. Vor allem aber kann man damit angeben!

Viele Methoden befassen sich mit dem Thema Vereinfachen. Zum Beispiel ist

$$99*17 = 100*17 - 17 = 1683$$

Von dieser Kategorie gibt es sehr viele Tricks und Tipps, die sich im Alltag als sehr vorteilhaft erweisen. Leider kennt die fast jeder und es ist nicht besonders beeindruckend, solche Aufgaben im Kopf zu rechnen. Kurz gesagt: Man kann damit nur in sehr bescheidenem Maß angeben. Dazu bedarf es schon komplexerer Aufgaben und Tricks, die nicht jeder kennt.

Um eine Rechenaufgabe wie z.B. 72^2 auszurechnen, braucht man mit einer Taschenrechner App ca. 8 Sekunden vorausgesetzt, das Handy ist gerade griffbereit. Diese 8 Sekunden teilen sich auf in

- Handy öffnen und entsperren   2,5 Sekunden
- App finden   2,5 Sekunden
- Aufgabe eintippen   2 Sekunden
- Ergebnis ablesen.   1 Sekunde

In zahlreichen Nachhilfestunden, die ich in Mathe gegeben habe, habe ich immer wieder in große, erstaunte Augen geblickt, wenn ich das Ergebnis verkünden konnte, bevor es auf dem Taschenrechner erschien. Sobald man also jemanden nach dem Handy greifen sieht, um solch eine Aufgabe zu lösen, kann man ganz beiläufig damit angeben, schneller zu sein als der Taschenrechner. Aber kann man 8 Sekunden wirklich schlagen und wenn ja, wie geht das? Nun, die Antwort lautet: Es kommt auf die Aufgabe an, man sollte das kleine 1x1 beherrschen und man braucht schon ein bisschen Übung. Das Gute ist: Wenn man es nicht schafft und das Ergebnis auf dem Taschenrechner aufleuchtet, bevor man selbst fertig ist, muss man das ja nicht zugeben. Man sagt einfach nichts und keiner merkt was. Riskant wird es erst, wenn man lautstark einen Wettbewerb ausruft: „Ich gegen den Taschenrechner". Da muss man sich seiner Sache schon sehr sicher sein. Schauen wir uns ein paar Aufgaben an, die man unter 8 Sekunden lösen kann und welche Tricks sich dafür eignen.

Das (sehr) große 1x1

Beim großen 1x1 geht es um Multiplikation zweier Zahlen zwischen 11 und 19 (die 10 und die 20 lasse ich hier außen vor, das ist dann ziemlich langweilig und ungeeignet zum Angeben). Unter 8 Sekunden schafft man das, wenn man

1. die letzte Ziffer der zweiten Zahl zur ersten Zahl addiert (1 Sekunde)
2. eine Null hinten anhängt (0,5 Sekunden)
3. die jeweils letzten beiden Ziffern der Zahlen multipliziert (1 Sekunden)
4. die beiden Ergebnisse addiert (1,5 Sekunden)

Schauen wir uns ein Beispiel an:

Die Aufgabe lautet: 17 * 18.

1. 17 + 8 = 25
2. Eine Null anhängen: 250
3. 7 * 8 = 56
4. 250 + 56 = 306

Das funktioniert mit jeder Zahl zwischen 11 und 19. Probieren Sie's einfach mal aus. Interessanterweise geht das auch mit jedem Pärchen zweistelliger Zahlen, bei denen die Zehnerstelle gleich ist. Dann ist allerdings ein weiterer Schritt notwendig, der ca. 1,5 Sekunden dauert und man kommt den 8 Sekunden schon sehr nahe. Statt bei Schritt 2 einfach eine Null anzuhängen, muss man zunächst das Ergebnis aus Schritt 1 mit der Ziffer der Zehnerstelle multiplizieren. Machen wir ein Beispiel: 42*46:

1. 42+6 = 48
2. 48*4 = 192; eine Null anhängen: 1920
3. 2*6 = 12
4. 1920 + 12 = 1932

Zugegeben, das bedarf einiger Übung, um unter 8 Sekunden zu bleiben, aber das Erstaunen wächst mit der Größe der Zahlen.

Wenn die letzten beiden Ziffern zusammengezählt 10 ergeben, so gibt es eine etwas einfachere Methode, Beispiel: 63*67

1. Addiere eine 1 zur Zehnerstelle der ersten Zahl und multipliziere das Ergebnis mit der Zehnerstelle der zweiten Zahl: (6+1)*6 =42
2. Multipliziere die jeweiligen Einerstellen: 3*7 = 21
3. Setze das Ergebnis zusammen: 4221

Diese Methode ist Teil der *Vedischen Mathematik*. Sie enthält Verfahren für die Multiplikation großer Zahlen, die in der Nähe von Zehnerpotenzen liegen oder auch Tricks zum Addieren und Subtrahieren von Brüchen.

Kopfrechnen mit Binomischen Formeln

Zur Erinnerung an die Schulzeit: Davon gibt es drei.

1. $(a + b)^2 = a^2 + 2ab + b^2$
2. $(a - b)^2 = a^2 - 2ab + b^2$
3. $(a+b)(a-b) = a^2 - b^2$

Eigentlich waren diese Formeln nicht dazu gedacht, uns das Kopfrechnen zu erleichtern, geschweige denn damit anzugeben. Der Hauptzweck ist, Terme zu vereinfachen und Gleichungen zu lösen. Man kann mit diesen Formeln Produkte in Summen umwandeln und umgekehrt und genau das hilft beim Kopfrechnen. Machen wir ein paar Beispiele, angefangen mit 72^2 vom Anfang dieses Kapitels:

Das kann man schreiben als $(70 + 2)^2$ und dann sieht es schon nach der ersten Binomischen Formel aus:

$72^2 = (70 + 2)^2 = 70^2 + 2*70*2 + 2^2 = 4900 + 280 + 4 = 5184$

Dabei rechnet man also

1. 70^2 (7*7 = 49 und zwei Nullen anhängen) – ca. 1,5 Sekunden
2. 2*70*2 = 4*70 (4*7 und eine Null anhängen) – ca. 2 Sekunden
3. 4900 + 280 = 5180 – ca. 1,5 Sekunden
4. $2^2 = 4$ und dazu addieren – ca. 1 Sekunde

Nehmen wir ein weiteres Beispiel:

$$88^2 = (80 + 8)^2 = 80^2 + 2*80*8 + 8^2 = 6400 + 1280 + 64 = 7744$$

Einfacher geht das mit der 2. Binomischen Formel:

$$88^2 = (90 - 2)^2 = 90^2 - 2*90*2 + 2^2 = 8100 - 360 + 4 = 7744$$

Wie immer, je größer die Zahlen, desto größer das Erstaunen. Leider nehmen dann aber auch die Schwierigkeiten des Kopfrechnens zu. Übung macht auch hier den Meister, aber was ist man nicht bereit, für einen solch triumphalen Augenblick zu investieren!

Falls die zu quadrierende Zahl mit 5 endet, geht es noch einfacher, in ca. 3 Sekunden. Beispiel 35^2:

1. Addiere 1 zur Zehnerstelle der ersten Zahl und multipliziere das Ergebnis mit der Zehnerstelle der zweiten Zahl. Hier also 3*4 = 12
2. Hänge 25 an das Ergebnis aus 1: 1225

45^2 ergibt übrigens 2025. Das Jahr, in dem dieses Buch geschrieben wurde, ist also eine Quadratzahl. Das letzte war 1936, da nächste wird 2116 sein. Genießen wir also das einzige Jahr in unserem Leben, das eine Quadratzahl ist. Kurz nach Christi Geburt hatten die Leute öfters das Vergnügen. Je weiter die Zeit fortschreitet, desto öfter werden die Menschen ein solches Jahr gar nicht erleben. Im Anhang gibt es noch ein paar Besonderheiten dieser Jahreszahl, falls Sie noch mehr Material brauchen.

Fehlt noch die dritte Binomische Formel: Auch hier ein Beispiel:

$$92 * 88 = (90+2)(90-2) = 90^2 - 2^2 = 8100 - 4 = 8096$$

Man braucht also zwei Zahlen, die von einer dritten, idealerweise ein Vielfaches von 10 den gleichen Abstand haben. Etwas komplizierter ist es, wenn der Abstand größer wird wie im folgenden Beispiel:

- $74 * 46 = (60+14)(60-14) = 60^2 - 14^2 = 3600 - 196 = 3404$

Die Schwierigkeit ist hier 14^2: Dazu haben wir ja schon einen Trick gelernt: 14+4 =18. Eine Null anhängen: 180, 4*4 addieren: 196

Machen wir's wie Gauß

Carl Friedrich Gauß (1777-1855) war einer der berühmtesten Mathematiker seiner Zeit. Von ihm ist folgende Geschichte überliefert: Als neunjähriger Schüler gab der Lehrer der Klasse die Aufgabe, die ersten 100 Zahlen zu addieren. Der Lehrer nahm wohl an, dass die Klasse damit eine Weile beschäftigt wäre. Das Ergebnis sollte wie damals üblich auf eine kleine Tafel geschrieben werden und wer fertig war, sollte die Tafel umgedreht auf das Pult legen. Nach wenigen Minuten gab der kleine Gauß seine Tafel ab. Am Ende der Stunde wurde der Stapel Tafeln umgedreht, so dass seine Tafel ganz ober lag. Auf ihr stand die Zahl 5050 geschrieben. Zweifellos hatte Gauß einen Weg gefunden, um mit Mathe anzugeben und seinen Lehrer zu verblüffen. Was für ein köstliches Gefühl muss das gewesen sein!

Wie also hat er das in so kurzer Zeit gemacht? Während alle anderen Kinder wie geplant bei der 1 anfingen, dann die 2 addierten und nach endloser Zeit voller stupider Rechnereien letztendlich bei 5050 ankamen (jedenfalls die, die sich nicht verrechnet hatten), änderte Gauß ganz einfach die Reihenfolge der Zahlen, denn die ist ja letztendlich egal. Er addierte die 1 zur 100, dann die 2 zur 99, die 3 zur 98, usw. Er erhielt also 50 Zahlenpaare, die sich jeweils zu 101 addierten. Jetzt musste er nur noch 50 * 101 = 5050 berechnen und fertig.

Vermutlich waren die Anderen in seiner Klasse bis dahin noch nicht mal bis zur 10 gelangt. Was wohl diese anderen Schüler gedacht haben, ob es Bewunderung für die Leistung war oder eher Verachtung für den Streber? Man weiß es nicht. Jedenfalls merke: Beim Addieren (und auch Multiplizieren) kommt es nicht auf die Reihenfolge an und man kann sich das Leben sehr viel einfacher machen, wenn man die Reihenfolge ändert.

Seine Methode ging schließlich als Gauß'sche Summenformel (auch kleiner Gauß genannt) in die Mathematik ein, weil sie sich auf beliebige Summen aufeinander folgender natürlicher Zahlen beginnend mit der 1 verallgemeinern ließ:

$$\sum_{k=1}^{n} k = \frac{n(n+1)}{2}$$

Nicht, dass Gauß sie wirklich als erster entdeckt hätte – diese Formel war schon länger bekannt – aber diese Geschichte als Schüler hat wohl dazu geführt, dass sie nach ihm benannt wurde.

Später wurde der erwachsene Gauß Mathematiker, Statistiker, Astronom, Geodät, Elektrotechniker und Physiker. Mit seinen statistischen Methoden macht er die Wiederentdeckung des Asteroiden Ceres möglich. Am wohl bekanntesten ist seine Normalverteilung, aber er entwickelte auch maßgeblich die *Nichteuklidische Geometrie*. Und das alles nahm seinen Anfang als Neunjähriger mit der Addition der ersten 100 Zahlen.

Andere Tipps und Tricks für Fortgeschrittene

Die Trachtenberg Methode ermöglicht schnelle Multiplikation von großen Zahlen. Sie wurde in den 1940er-Jahren von dem russischen Ingenieur Jakow Trachtenberg erfunden. Kern ist die kreuzweise Multiplikation, mit der man auch große Zahlen bearbeiten kann. Die Methode besteht aus mehreren Schritten, die höhere Konzentration erfordern, ist also weniger für den Wettbewerb mit dem Taschenrechner geeignet.

Kreuzweises Multiplizieren lässt sich gut auf beliebige zweistellige Zahlen anwenden. Beispiel: 53*72

1. Multipliziere die Zehnerstelle der ersten mit der Einerstelle der zweiten Zahl: 5*2 = 10
2. Multipliziere die Einerstelle der ersten mit der Zehnerstelle der zweiten Zahl: 3*7 = 21
3. Addiere das Ergebnis: 21+10= 31 und hänge eine 0 an: 310
4. Multipliziere die Zehnerstellen der beiden Zahlen 5*7=35 und hänge zwei Nullen an: 3500
5. Multipliziere die Einerstellen der beiden Zahlen: 3*2=6
6. Addiere die Ergebnisse aus 3, 4 und 5: 310+3500+6=3816

Um das in weniger als 8 Sekunden zu schaffen, braucht man ein bisschen Übung. Keiner der sechs Schritte ist für sich genommen schwierig. Man muss aber die Schritte richtig ausführen, die richtigen Zahlen mit der richtigen Anzahl von Nullen ergänzen und im 6. Schritt noch wissen, wie die drei Ergebnisse lauten. Manchmal ist es leichter, schon in Schritt 4 das Ergebnis von 3 zu addieren.

Schließlich kann man mit der Trachtenberg Methode auch große Zahlen multiplizieren, wie z.B. 3127*5297. Das Ergebnis kann man Ziffer für Ziffer hinschreiben beginnend von rechts. Auch sehr beeindruckend, braucht aber Übung. Im Anhang ist die Methode anhand dieses Beispiels erklärt.

Für Menschen, die eher visuell veranlagt sind, empfehle ich sich die *Chinesische Methode* anzusehen und zu probieren.

Weltmeisterschaften und Rekorde

Falls es noch eines Beweises bedurft hätte, dass sich mit Kopfrechnen vortrefflich angeben lässt, so kommt er jetzt. Seit 2004 findet alle zwei Jahre die Weltmeisterschaft im Kopfrechnen (Mental Calculation World Cup) in immer wechselnden deutschen Städten statt. Die 10. WM richtete das Nixdorf Museumsforum 2024 in Paderborn aus. Bei dieser WM gewann ein 14-jähriger Inder in allen Kategorien:

- Addieren von zehn zehnstelligen Zahlen (hier stellte er mit 96,39 Sekunden für alle 10(!) sogar einen neuen Rekord auf)
- Multiplizieren zweier achtstelliger Zahlen
- Errechnen der Wurzel einer sechsstelligen Zahl auf acht Stellen genau
- Das Ermitteln des Wochentages zu zufällig gewählten Daten der Jahre 1600 bis 2100. Im Anhang finden Sie eine Methode dazu
- Überraschungsaufgaben

Beispielaufgaben aus diesen Weltmeisterschaften:

- 56.077.949 * 59.028.677
- 115 * 227 + 52.252.128 / 608
- 8.439.764.166 + 9.940.164.115 + 2.169.807.272 + 2.286.206.684 + 9.778.832.181 + 3.653.551.681 + 7.535.059.523 + 1.599.098.831 + 5.029.535.342 + 1.029.601.595
- $\sqrt{853748}$

Man sollte sich immer Ziele im Leben setzen, also alle, die sich bei den vorigen Kapiteln gelangweilt haben, können sich hier austoben. Aber Vorsicht, es lässt sich trefflich damit angeben, solche Aufgaben im Kopf lösen zu können, vor allem, wenn man an einer WM teilnimmt und womöglich auch noch gewinnt. Aber die Gefahr ist, dass Bewunderung für diese Leistung leicht in Abstempelung als unheilbarer Nerd umschlägt.

Unvernünftige Zahlen

Der Begriff *rational* bezeichnet im wesentlich etwas Vernünftiges, Verhältnismäßiges. Ratio ist das lateinische Wort für Vernunft, aber auch Verhältnis. Beides macht Sinn, wenn wir über rationale Zahlen reden. Diese Zahlen in der Mathematik sind also vernünftige Zahlen, die man im Alltag ständig braucht, aber auch Zahlen, die Verhältnisse ausdrücken, wie das Brüche nun mal tun. Ein Mensch aus der Steinzeit war bereits vor die Aufgabe gestellt, 4 Äpfel auf seine 8 Kinder aufzuteilen. Es war nur vernünftig, dass jedes Kind einen halben Apfel bekam.

Das Gegenteil von rational ist irrational, also unvernünftig, daher der zugegebenermaßen etwas provokante Titel dieses Kapitels. Diese Zahlen haben in der Dezimalschreibweise unendlich viele Nachkommastellen ohne Periode. Da es unendlich viele davon gibt, müssen zwangsläufig auch alle Telefonnummern der Welt darin vorkommen. Meine habe ich allerdings noch in keiner irrationalen Zahl gefunden.

Es gibt unendlich viele irrationale Zahlen. Man könnte sogar behaupten, es gibt mehr als rationale. Das Wort *mehr* macht hier natürlich wenig Sinn, weil man zwei unendlich große Mengen schlecht vergleichen kann, deswegen nutzt man gerne das Wort *mächtiger*. In der Mathematik gibt es den Begriff *Abzählbarkeit*, was im Wesentlichen bedeutet, dass man jedem Element einer unendlich großen Menge eindeutig eine natürliche Zahl zuordnen kann. Man kann die Elemente also sinnvoll *zählen*, sodass klar ist, welche rationale Zahl die zwölfte oder hundertvierunddreißigste ist. Es gibt noch andere Mengen von unendlich vielen Elementen, die abzählbar sind, z.B. die Primzahlen. Diese Art von Unendlichkeit nennt man *Aleph Null*. Bei irrationalen Zahlen geht das nicht, diese Menge ist *überabzählbar* und damit mächtiger als die Menge der rationalen Zahlen. Euklid nannte die irrationalen Zahlen daher auch *inkommensurabel*, also unmessbar.

Viele berühmte Mathematiker haben sich vehement dagegen gewehrt, dass solche Zahlen irgendeinen Sinn machen. Einer der bekanntesten Mathematiker, dem eine nahezu panische Angst vor irrationalen Zahlen zugesprochen wird, war Pythagoras. Laut seiner Philosophie waren es Ganze- und Bruchzahlen, die die Vollkommenheit und Schönheit des Universums ausmachten. Der Legende nach ließ er sogar einen Mathematiker namens Hippasos ertränken, weil er nachwies, dass man $\sqrt{2}$ nicht als Bruch darstellen konnte und diese Zahl somit nicht rational sein konnte (das gilt übrigens für alle natürlichen Zahlen n, die keine Quadratzahlen sind, $\sqrt{n}$ ist dann irrational). Das ist natürlich eine Legende und wahrscheinlich so nicht wahr. Fakt war, dass irrationale Zahlen die Schönheit des Universums zerstörten und das braucht kein Mensch.

Und doch…

…haben es einige zu berechtigter Berühmtheit gebracht, wie die folgenden Kapitel zeigen.

Pi und die Quadratur des Kreises

„Und er machte ein Meer, gegossen, von einem Rand zum anderen zehn Ellen weit und fünf Ellen hoch, und eine Schnur dreißig Ellen lang war das Maß ringsum" (1. Buch der Könige, 7:23). Der Umfang des Meeres war also das Dreifache des Durchmessers.

Heute wissen wir, dass der Umfang U und die Fläche A eines Kreises mit Radius r mit den Formeln

$$U = 2\pi r \text{ und } A = \pi r^2$$

angegeben wird. Die Zahl 3 aus der Bibel ist also eine erste Annäherung an die Zahl π. Aber was ist π überhaupt?

Schon in der Antike berechnete man die Fläche eines Kreises mit dem Radius r mit der Formel $A = \pi r^2$. Das Problem war, dass die Griechen damals die Zahl π gar nicht kannten und stattdessen die Formel $A = (8/9 *2r)^2$ benutzten. Man berechnete also statt der Fläche eines Kreises die Fläche eines Quadrates, dessen Seitenlänge $\frac{8}{9}$ des Kreisdurchmessers beträgt. Die folgende Grafik illustriert diese Methode:

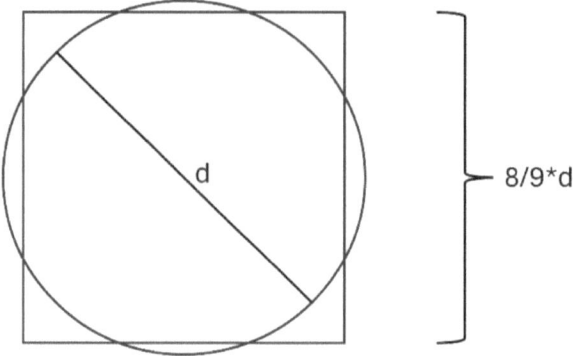

8/9*d

Wenn man diese Formel umrechnet, kommt man auf

$$A=(\frac{8}{9}*2r)^2 = \frac{256}{81} r^2 \approx 3{,}1605 \ r^2$$

$\frac{256}{81}$ ist ein Näherungswert für π der nur um 0,6% daneben liegt. Für die meisten damaligen Anwendungen war das sicher gut genug.

Die Idee, ein Quadrat zu finden, dass die gleiche Fläche hat wie ein Kreis, wurde noch eine Weile verfolgt. Altgriechische Mathematiker versuchten mit Zirkel und Lineal ein Quadrat zu konstruieren, das dieselbe Fläche wie ein gegebener Kreis hat. Sie scheiterten daran, weil π irrational ist (genau genommen transzendent, d.h. sie ist nicht Nullstelle eines Polynoms mit ganzzahligen Koeffizienten). Aber immerhin hat sich aus diesen Versuchen der Begriff „Quadratur des Kreises" erhalten für ein Vorhaben, das unmöglich ist.

Bereits Archimedes hatte den Verdacht, dass das Verhältnis von Umfang zu Radius eines Kreises unendlich viele Nachkommastellen hat und dass man es nur annäherungsweise bestimmen konnte. Erst 1706 wurde der griechische Buchstabe π von William Jones aus Wales eingeführt (wahrscheinlich, weil das im griechischen Alphabet der erste Buchstabe von Peripherie oder auch von Umfang ist). Der Mathematiker Leonhard Euler machte diese Definition 1737 in einigen seiner Arbeiten wie *Variae observationes circa series infinitas* populär.

Letztendlich dauerte es bis in die 1760er-Jahre, bis ein Beweis gelungen war, dass π eine irrationale Zahl ist und damit der Traum, es genau zu bestimmen, für immer geplatzt war. Dieser Beweis kam vom schweizerischen Mathematiker Johann Heinrich Lambert. Ich erspare mir und Ihnen hier den Beweis, weil er normales Schulwissen deutlich übersteigt. Deswegen hat es auch so lange gedauert.

Es gab und gibt zahlreiche andere Methoden, die Zahl π näherungsweise zu bestimmen. Man experimentierte mit Polygonen (Fünfecke, Sechsecke, Achtecke etc.), die sowohl in den Kreis gelegt wurden als auch nach außen. Je mehr Ecken diese Polygone hatten, desto genauer wurde die Annäherung. Im 5. Jahrhundert nutzte der Mathematiker Zu Chongzhi ein 12.288-seitiges Vieleck und berechnete, dass π zwischen 3,1415926 und 3,1415927 liegen muss. Er schlug auch einen Bruch als Näherung vor: $\frac{355}{113}$. Das sollte für ein Jahrtausend die genaueste Annäherung an π bleiben! Unvorstellbar, wie lange das ohne Taschenrechner App gedauert haben muss.

Hier eine Illustration eines etwas einfacheren Verfahrens:

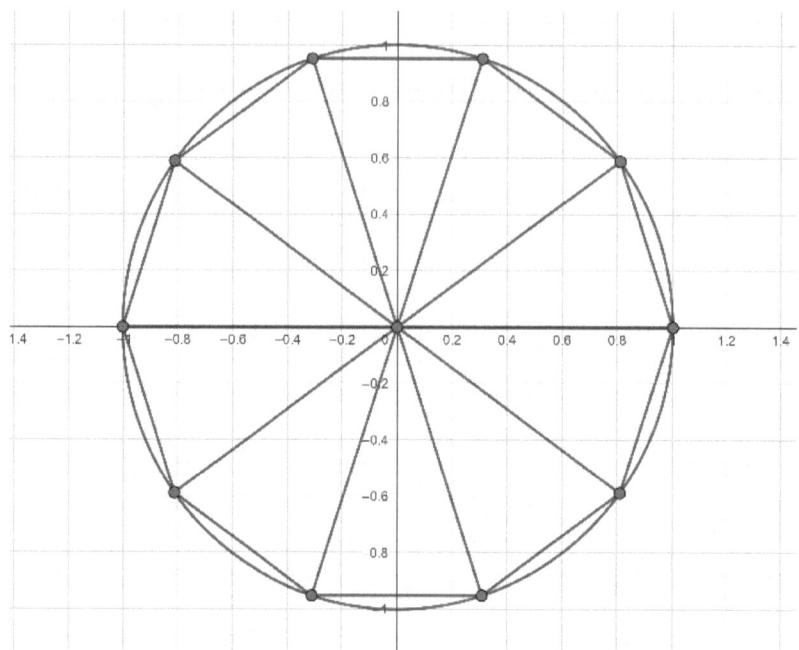

Man nehme einen Kreis mit Radius 1 (damit lässt sich leichter rechnen) und lege ein 10-eck in den Kreis, sodass die Ecken auf dem Kreis liegen. Dann rechnet man die Länge der Strecke zwischen zwei Ecken aus und multipliziert die mit 10. Das ergibt dann den Umfang des 10-Ecks und eine erst Näherung für den Umfang des Kreises. Die Länge erhält man wie folgt. Nehmen wir eines der Dreiecke von oben heraus:

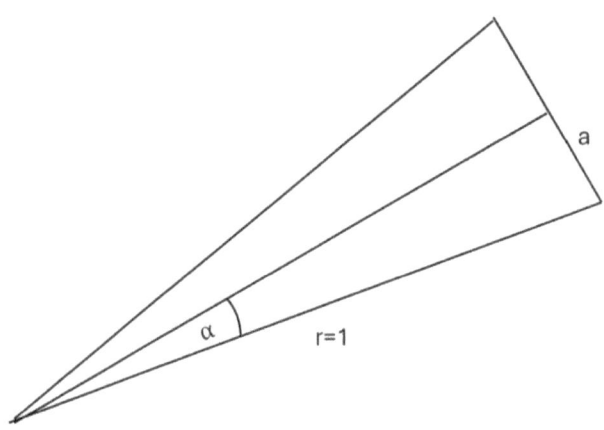

Die Winkelhalbierende hat mit der gegenüberliegenden Seite einen rechten Winkel, da das Dreieck gleichseitig ist. a sei hier die halbe Länge eines der 10 Strecken des 10-Ecks. Also können wir den Sinussatz anwenden:

$$\sin(\alpha)=a/r \text{ und da } r=1 \text{ ist: } a=\sin(\alpha).$$

Dabei ist α der zwanzigste Teil des Kreises, also $360°/20 = 18°$. Per Taschenrechner erhalten wir: $\sin(18°) \approx 0{,}31$, also ist $a \approx 0{,}31$. Der Umfang des 10-Ecks ist $20{*}a$ und das ist 2π. Also ist eine erste Näherung von π: $10{*}a \approx 3{,}1$.

Verallgemeinern wir das auf ein beliebiges n-Eck, so lautet die Formel für die Annäherung von π:

$$\pi \approx n{*}\sin(360/2n)$$

Mit dieser allgemeinen Formel können wir einen Computer füttern und das n immer größer wählen. Je größer das n, desto genauer die Annäherung. Für $n=1000$ erhalten wir bereits $3{,}141587$. Bei $n=100.000$ landen wir bei $3{,}14159265$. Es gibt zahlreiche Verfahren wie dieses und sicher auch elegantere.

Ende des 16. Jahrhunderts war π bereits auf 35 Stellen genau berechnet.

Mit der Einführung von leistungsstarken Computern erhöhte sich die Anzahl der bekannten Stellen von π enorm. 2021 lag der Rekord bei über 60 Billionen Stellen, aufgestellt von Wissenschaftlern der Fachhochschule Graubünden. Die Rekordjagd wird weiter gehen, dieser Wert ist inzwischen sicher wieder überboten.

Am 16. März 2024 stellte eine Polizistin aus Frankfurt einen neuen deutschen Rekord im Auswendiglernen von Stellen von π auf. Sie war in der Lage, die ersten 18.026 Stellen fehlerfrei aufzusagen. Sie hat damit übrigens ihren eigenen Rekord gebrochen. Der Weltrekord liegt bei über 70.000 Nachkommastellen.

Die größte Genauigkeit von π braucht man sicher in der Astronomie. Da geht es um große Entfernungen, um Volumen von Sternen, um Umlaufbahnen usw. Wie viele Stellen braucht man da? Die Antwort mag überraschen, aber 15 Nachkommastellen reichen aus. Die könnte ich wahrscheinlich auch auswendig lernen. Für meine Zwecke hier auf der Erde genügt mir aber 3,14 völlig.

Warum also berechnet man über 60 Billionen Stellen und lernt über 18.000 davon auswendig? Die beste Antwort ist: Weil man es kann. Es ist ein guter Test für Hochleistungsrechner und für Institute, die neue Rekorde aufstellen eine wunderbare Gelegenheit, damit anzugeben. Mit einem guten Gedächtnis kommt man zumindest in die Zeitung. Das ist doch auch schon was.

Und noch eine kleine Anregung zum Angeben. Jeder kennt die Redewendung „Pi mal Daumen". Typischerweise bezeichnet sie etwas, dass nur ungefähr stimmt. Früher hat man Körperteile genutzt, um Dinge zu vermessen (siehe auch Kapitel über Maße und Gewichte). Der Daumen wurde gerne zum Peilen benutzt, um Entfernungen oder Höhen abzuschätzen (über den Daumen gepeilt). Wollte man die Höhe eines Turmes abschätzen, so kniff man ein Auge zu und verdeckte den Turm mit dem Daumen und bei ausgestrecktem Arm. Dann kniff man das andere Auge zu und verdeckte somit ein anderes Objekt, z.B. ein Haus. Der Daumen sprang also von einem Objekt zum andern, weil man das andere Auge zukniff. Die Methode ist auch als Daumensprung bekannt. Kannte man nun die Entfernung der beiden Objekte, so konnte man die Höhe des Turms berechnen. Dazu nutzte man die Eigenschaften von Strahlensätzen und dass das Verhältnis von Augenabstand zu Armlänge ca. 1:10 ist. Der Turm ist also 10-mal so hoch wie die Entfernung der beiden Objekte voneinander. Das Ergebnis war natürlich recht ungenau, aber für die meisten Zwecke ausreichend. Das gleiche gilt für π, die Näherungen sind ungenau, aber für die meisten Zwecke ausreichend. Wie beim Peilen über den Daumen eben. Daraus entstand diese Redensart. Probieren Sie das ruhig mal aus und wenn das nächste Mal jemand diese Redewendung nutzt, schlägt Ihre Stunde und Sie können es genüsslich vorführen.

Glänzen kann man mit seinem Wissen über π am besten am 14. März eines Jahres. Das ist der π Tag. Im amerikanischen Datumssystem wird dieser Tag als 3/14 geschrieben.

Exponentielles Wachstum – die Eulersche Zahl

Wir erinnern uns an die Schulzeit: Die Formel für exponentielles *diskretes* Wachstum sieht so oder so ähnlich aus:

$$B(t) = B(0)*(1+r)^t$$

t ist dabei die Anzahl der vergangenen Zeitabschnitte, B(0) der Anfangswert. r ist die Wachstumsrate. Eines der wichtigsten Beispiele auch für die, die mit Mathe nicht so viel anfangen können, ist die Zinseszinsformel.

$$K_n = K_0 (1+p)^n$$

Ähnlich wie oben ist hier n die Anzahl der Zeitabschnitte meistens Jahre in diesem Fall. K_0 ist das Anfangskapital und p der Zinssatz in Prozent. Diskretes Wachstum heißt, dass das Wachstum in bestimmten Zeitabschnitten verläuft, ein Jahr, 1 Monat, 1 Sekunde usw.

Nehmen wir an, Sie haben einen Euro angelegt für 100% Zinsen. Ziemlich unwahrscheinlich, aber das ist ja auch nur ein Beispiel zur Illustration. Dann haben Sie nach einem Jahr

$$K_1 = 1*(1+1)^1 = 2 €$$

Soweit keine Überraschung. Nehmen wir jetzt an, dass stattdessen alle halbe Jahre 50% Zinsen gezahlt werden. Dann haben wir nach einem Jahr

$$K_2 = 1*(1+\frac{1}{2})^2 = 2{,}25 €$$

Bei vierteljähriger Auszahlung wären das schon 2,44 €. Verallgemeinert man die Formel mit immer kürzer werdenden Auszahlungszyklen, so erhält man

$$K_n = 1*(1+\frac{1}{n})^n$$

Jetzt können wir n gegen unendlich laufen lassen, in der Mathematik nennt man das eine *Grenzwertberechnung*. Aus dem diskreten wird dann ein kontinuierliches Wachstum. Durch Annäherungsverfahren (man wählt immer größere n) erhält man folgendes Ergebnis:

$$\lim_{n\to\infty} \left(1+\frac{1}{n}\right)^n \approx 2{,}718281828459$$

Man ahnt es schon: Diese Zahl ist irrational (und auch transzendent). Mittlerweile sind über 12 Billionen Nachkommastellen bekannt. Das sind viele, aber es sind immer noch unendlich viele übrig.

In der Tat verwendete der Schweizer Jakob Bernoulli diese Zahl im späten 17. Jahrhundert zur Zinseszinsberechnung. Der Mathematiker Leonhard Euler führte dann für diese Zahl den Buchstaben e ein, nach ihm wurde diese Zahl *Eulersche Zahl* genannt..

Das war allerdings nicht das erste Mal, dass diese Zahl auftauchte. Bereits im frühen 17. Jahrhundert stellte der Schotte John Napier sogenannte Logarithmentafeln auf und nutzte 2,718... als Basis. Dieser Logarithmus wird auch natürlicher Logarithmus genannt. Mit diesen Logarithmentafeln konnte man komplizierte Multiplikationen durch einfachere Additionen ersetzen. Man bedenke, es gab damals noch keine Taschenrechner Apps. Dazu nutze man die Logarithmusgesetze, in diesem Fall

$$\ln(a*b) = \ln(a) + \ln(b)$$

Wollte man also zwei große Zahlen a und b multiplizieren, so nutze man die Tafeln, um deren Logarithmen abzulesen. Das Ergebnis addierte man, was viel einfacher war als die Multiplikation und schaute dann wieder in den Tafeln nach, von welcher Zahl das Ergebnis der Logarithmus war.

Eine weitere Definition der Eulerschen Zahl ist

$$e = \sum_{n=0}^{\infty} \frac{1}{n!}$$

Dabei ist n! das Produkt der ersten n Zahlen. Berühmtheit erlangte die Zahl, weil man mit ihr *kontinuierliches* exponentielles Wachstum berechnen konnte. Die berühmte Vermehrungsrate von Mäusen oder Kaninchen – oder allgemein gesagt von Populationen, die proportional zum Bestand wachsen (z.B. sich jeweils verdoppeln) - kann man mit folgender Formel ausdrücken:

$$P(t) = P_0 * e^{rt}$$

Hier ist t die vergangene Zeit seit dem Anfangszustand, P_0 der Anfangswert, r die Wachstumsrate. Bei Mäusen kann man z.B. von einer Wachstumsrate von 1/3 ausgehen.

Setzt man eine Population von beispielsweise 50 Mäusen auf einer einsamen Insel aus, so sind nach einem Jahr ca. 70 Mäuse vorhanden. Nach 5 Jahren 265, nach 10 Jahren über 1400, nach 50 Jahren über 800 Millionen etc. Aber keine Sorge, das geht nicht bis ins Unendliche so weiter. Irgendwann ist die Nahrung zu knapp oder die Insel voll. Man spricht hier auch von logistischem Wachstum. Die Formel hierfür lautet:

$$P(t) = \frac{S}{1 + \left(\frac{S}{P(0)} - 1\right) * e^{-Srt}}$$

S ist hier die Schranke, die z.B. durch Nahrungsangebot entsteht, P(0) der Anfangswert, r die Wachstumsrate.

Verallgemeinert man die Funktion über unbeschränktes Wachstum, so erhält man die Exponentialfunktion

$$f(x) = e^x$$

Wie man am obigen Beispiel sieht und auch anhand der Grafik unten erkennt, wächst die Funktion am Anfang recht langsam und beschleunigt dann immer mehr. Das Faszinierende ist, dass nach einiger Zeit das Wachstum jegliche Vorstellung sprengt und man mit intuitivem Schätzen dann weit daneben liegt. Dazu werden wir in Kapitel 5 – Exponentielles Wachstum noch mehr Beispiele sehen. Dann haben wir wieder jede Menge Material zum Angeben.

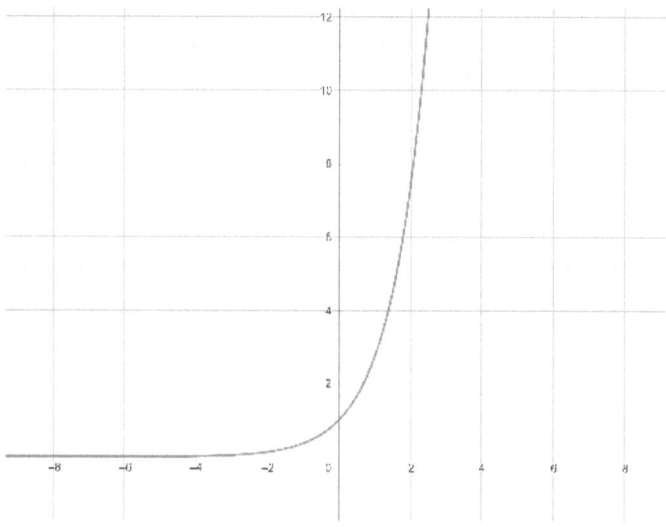

Die Kurve für logistisches Wachstum sieht so aus:

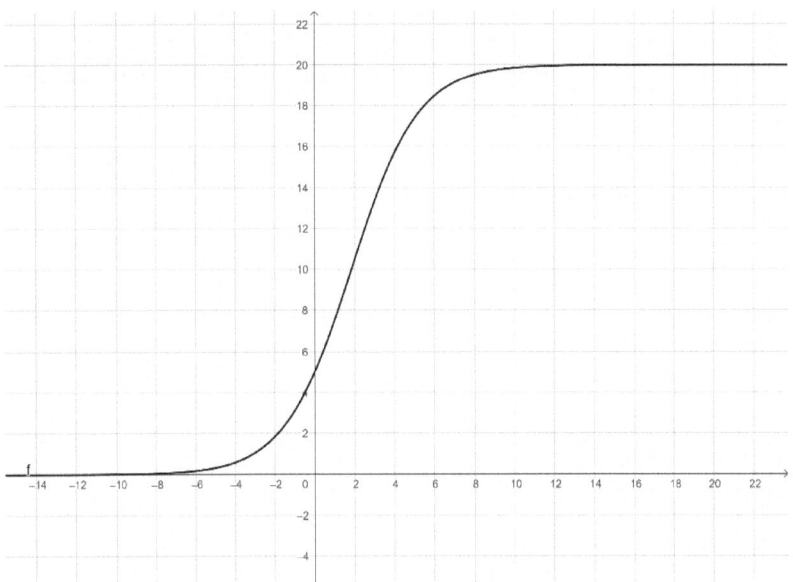

Das ist ein stark vereinfachtes Schaubild mit einem Anfangswert von 5 und einer Schranke von 20. Man sieht einen Wendepunkt ungefähr bei x=2, an dem das exponentielle Wachstum anfängt sich abzuschwächen. Solche Kurven bezeichnet man oft aufgrund ihrer Form als *S-Kurve*.

Mit der e-Funktion lassen sich sowohl Wachstumsprozesse beschreiben, bei denen sich das Wachstum immer weiter beschleunigt (sich z.B. mit jedem Schritt verdoppelt), aber auch Verfallsprozesse, mit denen man beispielsweise das Alter von Knochen mithilfe der zerfallenen Kohlenstoffatome bestimmen kann.

Die e-Funktion ist gleich ihrer eigenen Ableitung, was sie für Physiker sehr beliebt macht. Sorry, liebe Physiker, ich konnte mich hier nicht zurückhalten. Sie taucht auch in der Stochastik auf, genauer bei der Gauß'schen Normalverteilung, z.B. zur Normierung der Normalverteilungsdichte zur Wahrscheinlichkeitsdichte...benutzen Sie das bitte nicht zum Angeben.

Wenn Sie gerne auswendig lernen, hier schon mal ein bisschen Material:

$$e \approx 2{,}718281828459045235360287471352662497757247097369995$$

Die Ederer Zahl

In der Mathematik gibt es das Konzept der Definition. Es wird meistens benutzt, um Begriffe einzuführen. Es gibt zwar ein paar Konventionen, aber grundsätzlich darf jeder einen Begriff definieren. Definitionen müssen schließlich nicht bewiesen werden.

Das schließt auch Begriffe für Zahlen mit ein. π ist solch eine Zahl und wie wir gesehen haben, wurde sie definiert als Verhältnis von Umfang zu Durchmesser eines Kreises. Die Eulersche Zahl ist ein weiteres prominentes Beispiel.

Es ist nicht überliefert, wie viele solche Definitionen jemals veröffentlicht wurden, aber sicher ist, es haben nur wenige geschafft, von Mathematikern akzeptiert und weiter untersucht zu werden. Das sind die Zahlen, die eine hohe Relevanz haben.

Ich mache jetzt hier einen Versuch: Ich definiere die Zahl

$$11{,}17117711711117\ldots$$

(also immer eine 1 mehr nach der nächsten 7) als *Ederer Zahl*. Das darf ich machen, denn jeder darf etwas definieren. Ich habe diese Zahl gegoogelt, aber es gab keinen Treffer. Das sagt mir zwei Dinge:

1. Es ist keine besondere Relevanz dieser Zahl für die Mathematik bekannt.
2. Es hat noch keiner diese Zahl nach irgendetwas benannt. Ich bin also der erste.

Solange diese Zahl für die Mathematik uninteressant bleibt, wird sich wohl keiner erinnern, dass ich diese Zahl mal definiert habe.

Aber wer weiß, vielleicht erkennt irgendwann einmal ein Mathematiker, dass diese Zahl ein wichtiges Problem löst. Dann schlägt meine Stunde und die Zahl trägt meinen Namen. Schade nur, dass der Buchstabe e schon vergeben ist.

Unmögliche Zahlen

Was haben wir in der Schule gelernt? Man kann aus negativen Zahlen keine Wurzel ziehen. $\sqrt{-1}$ ist keine Zahl. Gleichungen wie $x^2+1=0$ haben keine Lösung, Punkt.

Nun ja, das ist natürlich für Mathematiker sehr unbefriedigend, weil sich deshalb zahlreiche algebraische Gleichungen nicht lösen lassen. Was aber wäre wenn $\sqrt{-1}$ doch eine Zahl wäre? Man darf ja mal träumen. Das erste Mal, dass so etwas von einem Mathematiker beschrieben wurde, war im Jahr 1545 in dem Werk Ars Magna von Gerolamo Cardano. Der stellte unter anderem fest, dass man mit einer solchen Zahl, wenn es sie gäbe, rechnen könnte und er beschrieb auch Rechenregeln dafür. Unter anderem führte er als Beispiel an: „Multipliziere $5 + \sqrt{-15}$ mit $5 - \sqrt{-15}$, das macht 25-(-15). So ist das Ergebnis 40". In heutiger Schreibweise:

$$(5 + \sqrt{-15})*(5 - \sqrt{-15}) = 5^2 - (\sqrt{-15})^2 = 25-(-15) = 25+15 = 40$$

Am Anfang kam die dritte binomische Formel ins Spiel. Er hatte also mit einer Zahl gerechnet, die es gar nicht gibt. Er selbst nannte diese Zahl spitzfindig, und hielt sie für eine mathematische Kuriosität. Das war ja auch nur ein interessanter Traum. Viel später bemerkte der französische Mathematiker Paul Painlevé: „Zwischen zwei Wahrheiten der reellen Domäne verläuft der leichteste und kürzeste Pfad oft durch die komplexe Domäne".

Im 16. Jahrhundert war man weit entfernt davon, eine solche Zahl zu akzeptieren. Man stand zu der Zeit ja selbst mit negativen Zahlen auf Kriegsfuß. Außerdem war der Nutzen einer solchen Zahl völlig unklar, auch wenn man dann eine Lösung für viele algebraische Gleichungen hätte.

Es dauerte weitere zwei Jahrhunderte, bis der Mathematiker Euler deren Nutzen erkannte und das Symbol i einführte, mit der Definition, dass $i^2 = -1$ ist. Er nannte diese Zahl *Imaginäre Einheit*. Addiert man ein Vielfaches von i zu einer reellen Zahl, so erhält man eine *Komplexe Zahl*, wie z.B. 3+4i. Die 3 in diesem Beispiel ist der *Realteil*, die 4 der *Imaginärteil*. Während die reellen Zahlen auf einer Zahlengeraden liegen, bilden die komplexen Zahlen eine Zahlenebene, die Zahl oben hätte also den Punkt (3|4) in dieser Ebenen.

Folgende Grafik veranschaulicht die Komplexe Zahlenebene:

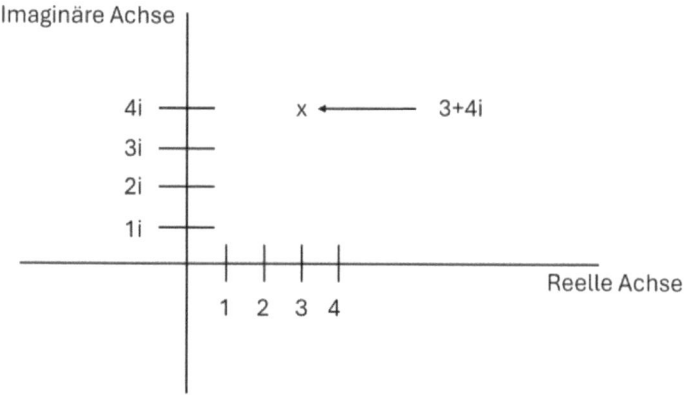

Euler zeigte dann auch die Verbindung von Analysis, Trigonometrie und komplexen Zahlen durch die Eulerformel

$$e^{i\varphi} = \cos(\varphi) + i*\sin(\varphi)$$

Ende des 18. Jahrhunderts bewies Carl Friedrich Gauß, dass jede algebraische Gleichung eine Lösung in den komplexen Zahlen hat, also nicht nur $x^2+1=0$, sondern wirklich jede. Außerdem gelang es, allgemeine Lösungen für Polynomgleichungen des dritten und vierten Grades zu finden. Im Anhang wird ein Ansatz für die Lösung kubischer Gleichungen, also Polynomgleichungen dritten

Grades erklärt. Bei Polynomen vierten Grades wird es dann ziemlich kompliziert.

Inzwischen gibt es zahlreiche Gebiete nicht nur in der Mathematik, sondern auch in der Physik und anderen Wissenschaften, in denen komplexe Zahlen zu Lösungen führen. Beispiele sind Schwingungen elektromagnetischer Felder, Schrödingergleichung in der Quantenmechanik, Signalverarbeitung in der Elektrotechnik, digitale Bildverarbeitung und Fraktale, Künstliche Intelligenz.

Was lernen wir daraus? Mathematiker dürfen eigentlich jede nur erdenkliche Zahl definieren, da ist der Fantasie keine Grenze gesetzt. Berühmt und anerkannt wird die dann allerdings nur, wenn sie hilft, Probleme zu lösen, die vorher unlösbar erschienen.

Haben wir also jetzt eine Lösung für die Wurzel aus einer negativen Zahl? Ist $i = \sqrt{-1}$? Sollte man meinen, ist aber nicht so. $i^2 = -1$ heißt eben nicht, dass $i = \sqrt{-1}$ ist. Verwirrt? Zu Recht. Die Wurzelfunktion $\sqrt{x}$ für $x \in \mathbb{R}$, $x \geq 0$ ist definiert als das nicht-negative Ergebnis y, für das gilt: $y^2 = x$. Im Komplexen Zahlenraum muss man die Wurzel und deren Rechenregeln neu definieren. Wohin es führen würde, wenn $i = \sqrt{-1}$ mit den Rechenregeln aus dem Raum der Reellen Zahlen wäre, können sie im Kapitel *Wo ist der Fehler* nachlesen.

Wenn sie jetzt selbst verwirrt sind, dann können Sie bei anderen noch mehr Verwirrung auslösen. Wenn Sie jemand fragt, ob man die Wurzel aus einer negativen Zahl ziehen kann, dann können Sie sagen: „Nein, aber das Quadrat einer Zahl kann negativ werden." Genießen Sie die Fragezeichen in den Blicken der Zuhörer.

Alles ist relativ – Prozente

Stellen Sie sich vor, Sie lagern 100 kg Kartoffeln ein. Diese Kartoffeln bestehen zu 99% aus Wasser. Durch die Einlagerung trocknen diese Kartoffeln aus und nach einer Weile bestehen sie nur noch zu 98% aus Wasser. Wie viele kg Kartoffeln sind übrig?

Stopp! Bevor Sie anfangen zu rechnen, versuchen Sie doch bitte eine spontane Schätzung! Die Lösung präsentiere ich am Ende dieses Kapitels. Das ist eine schöne Frage, die man Freunden stellen kann. Den Schätzungen kann man dann genüsslich die Wahrheit gegenüberstellen.

Erinnern wir uns an die Schule: *Pro-zent* bedeutet *von 100*. Wenn wir also 5% von einer Größe x sagen, so meinen wir 5/100 von x. Es ist also eine relative Größe. Je größer x, desto größer sind 5% davon. So weit, so gut.

Schauen wir uns zunächst ein paar Beispiele an, mit denen Sie viele Leute aufs Glatteis führen können. Das ist übrigens eine wunderbar subtile Form des Angebens, weil Sie es ja hinterher aufklären können und damit besser wissen.

Sie haben €1.000,- in Aktien angelegt. In einer Woche verlieren diese Aktien 10% an Wert. Eine schlechte Woche. In der darauf folgenden Woche gewinnen sie wieder 10% an Wert. Alles gut also, wir sind ja wieder bei den ursprünglichen €1.000,-.

Nicht wirklich. Sie verlieren 10% von €1.000,-, also €100,-. Dann haben Sie noch €900,-. Dann gewinnen Sie 10%, aber nur von €900,- Das sind €90,-. Sie haben also nicht €1.000,- nach dem Auf und Ab, sondern nur €990,-. Prozente sind relativ!

Nehmen wir an, Sie erhalten in Ihrem Lieblingsgeschäft in einer Woche 40% Rabatt auf Hosen. In der Woche danach gibt es aber nur noch 30% Rabatt. Also sind die Hosen 10% teurer oder?

Na ja, nehmen wir an, die Hosen kosten regulär €100,-. Mit 40% Rabatt also noch €60,- und mit den 30% Rabatt der Folgewoche dann €70,-. Das sind €10,- mehr. €10 von €60 sind aber 16,7% (Ich nehme an, Sie erinnern sich noch an Dreisätze?). Prozente sind relativ. Die Hosen sind 16,7% teurer als in der Vorwoche.

Es gibt den Begriff *Prozentpunkte* zur Unterscheidung von den wirklichen Prozenten. Die Hosen sind also um 10 Prozentpunkte teurer geworden, aber um 16,7%.

Eine Gesundheitsorganisation macht eine Untersuchung über Krankheitstests (wer erinnert sich noch an Corona?). Nehmen wir an, alle Menschen in Deutschland werden getestet und das sind rund 80 Millionen. Nehmen wir an, das Testverfahren liefert in 99% der Tests die richtige Antwort. Das kling nach einer guten Quote, oder? Nehmen wir an, 100.000 von den 80 Millionen sind wirklich krank. Dann findet das Verfahren

- 99.000 davon, die anderen 1000 Diagnosen sind aber falsch (diese Menschen werden als gesund gemeldet)
- Von den 79.900.000 Gesunden werden 1%, also 799.000 fälschlicherweise als krank gemeldet.

Insgesamt werden also 99.000 + 799.000 = 898.000 Personen als krank gemeldet, aber nur 99.000 davon sind wirklich krank (die anderen 1000 wurden ja fälschlicherweise als gesund gemeldet). Das sind nur ca. 11% oder andersherum gesagt, von den 898.000 Personen, die krank gemeldet wurden, sind 89% eigentlich gesund. Klingt nicht mehr so gut, oder?

Drei Beispiele von Fragen, die intuitiv eine Antwort haben, die der Realität bei weitem nicht standhalten kann. Probieren Sie diese Beispiele ruhig im Freundeskreis aus und freuen Sie sich auf die Fehleinschätzungen.

Kommen wir zurück zu der Frage nach der übrig gebliebenen Masse der Kartoffeln.

99% von 100kg sind Wasser, 1kg also Trockenmasse. Im weiteren Trocknungsprozess ändert sich das 1kg natürlich nicht, das ist ja schon trocken. Nun sind aber 98% Wasser und 2% Trockenmasse. Diese 2% sind immer noch 1 kg. Also ist das Gesamtgewicht noch 50kg (Achtung: Dreisatz!). Die Kartoffeln haben die Hälfte ihres

Gewichtes verloren, obwohl die Wassermasse nur um einen Prozentpunkt geschrumpft ist. Wer hätte das gedacht.

Dieses Beispiel ist übrigens als das Kartoffelparadoxon bekannt, obwohl es mir nicht einleuchtet, was daran paradox sein soll. Man muss halt richtig rechnen.

Primzahlen und Verschlüsselung

Wir erinnern uns an die Schulzeit: Eine Primzahl ist eine natürliche Zahl, die nur durch 1 und sich selbst teilbar ist. Davon gibt es unendlich viele, da wären wir wieder bei unendlich. Die 2 ist die einzige Primzahl, die gerade ist. Die 1 ist keine Primzahl. Die größte Primzahl wird man nie finden, weil es die nicht gibt. Sonst wäre die Anzahl der Primzahlen ja auch nicht unendlich. Jede natürliche Zahl lässt sich in ihre Primfaktoren zerlegen und damit kann man z.B. das kleinste gemeinsame Vielfache finden oder beweisen, dass $\sqrt{2}$ irrational ist. Ende das Schulwissens, bisher gab es noch nichts zum Angeben.

Der erste Beweis dafür, dass es unendlich viele Primzahlen gibt, stammt von Euklid. Es war ein indirekter Beweis, denn wenn es endlich viele gäbe und damit eine größte Primzahl P, dann braucht man die alle nur miteinander zu multiplizieren und dann eine 1 addieren. Diese Zahl hätte dann keine Primfaktorenzerlegung mit den Primzahlen bis P und wäre dann entweder selbst eine Primzahl oder bräuchte eine größere als P. In jedem Fall benötigte man eine größere Primzahl als P. Und das geht unendlich so weiter. Primzahlen (außer der 2) lassen sich entweder durch 4n+1 oder 4n-1 ausdrücken.

Stand Oktober 2024 ist die größte bekannte Primzahl

$$2^{136.279.841}-1$$

Aber auch hier ist kein Ende in Sicht, der nächste Rekord purzelt bestimmt. Interessant ist der Begriff *Fastprimzahl* (Genaugenomm haben Fastprimzahlen eine Ordnung, hier ist die Rede von Fast-primzahlen 2. Ordnung). Das ist eine Zahl, die das Produkt von ge-nau zwei Primzahlen ist. Also z.B. die 6. Solche Zahlen spielen in der Verschlüsselung eine Rolle, aber größer als 6 sollten sie schon sein.

Gängige Verschlüsselungen basieren auf der RSA-Methode. Hier gibt es einen öffentlichen Schlüssel (Public Key) und einen privaten Schlüssel (Private Key). Den öffentlichen Schlüssel darf jeder kennen, den privaten nur der Empfänger von Daten. Analog stelle man sich einen Briefkasten vor. Jeder darf wissen, wo der ist und Briefe dort einwerfen, aber nur der Empfänger hat den privaten Schlüssel, um die Briefe herauszuholen.

Ähnlich funktioniert RSA-Verschlüsselung. Stark vereinfacht gesagt multipliziert der Empfänger zwei verschiedene Primzahlen miteinander. Das Ergebnis ist der Public Key, den alle kennen dürfen, also wie die Adresse des Briefkastens. Eine der beiden Primzahlen ist der Private Key, den nur der Empfänger kennt. Den Public Key nutzt der Sender jetzt zur Verschlüsselung der Nachricht, indem jedem Zeichen der Nachricht ein anderes Zeichen zugeordnet wird. Der Empfänger kann die Nachricht entschlüsseln, da er den Private Key kennt. Das alles ist stark vereinfacht.

Für die Extremangeber: Man braucht noch eine zweite Zahl, die teilerfremd ist zu dem Produkt aus (p-1)*(q-1), wobei p und q die beiden Primzahlen sind. Daraus berechnet man den Entschlüsselungsexponenten mit dem erweiterten euklidischen Algorithmus…ok, hier werden die Zuhörer Sie als Nerd ansehen. Wenn Sie trotzdem Details brauchen, die sind im Anhang zu finden. Bleiben wir bei den beiden Primzahlen.

Das funktioniert im Prinzip auch mit der 6. Das ist eine Fastprimzahl zweiter Ordnung, und das Produkt der Primzahlen 2 und 3. Blöderweise kann man in ca. 0,5 Sekunden ohne Computer die beiden Primzahlen 2 und 3 herausfinden, wenn man die 6 kennt und das ist der Public Key, den kennt nun mal jeder. Das ist dann nicht wirklich eine sichere Verschlüsselung. Man braucht größere Zahlen. Viel größere. Sie sollten so groß sein, dass es sich auch mit teuren Computern einfach nicht lohnt, den Public Key zu knacken (also herauszufinden, aus welchen beiden Primzahlen der denn besteht).

Man redet heute von 2048-Bit Verschlüsselung. Das sind Primzahlen mit 300 Stellen oder mehr. Um die zu knacken, braucht ein Durchschnittscomputer sehr viele Jahre. Und dann ist der Private Key nichts mehr wert. Also ist das Prinzip, den Public Key mit genügend großen Zahlen so kompliziert zu machen, dass es sich einfach nicht lohnt, ihn zu knacken.

Aber was ist mit Quantencomputern? Denen werden wahre Wunderdinge in puncto Geschwindigkeit nachgesagt. Die Antwort in Kürze: Ja, die können das in sehr kurzer Zeit. Vielleicht noch nicht heute, aber bald. Wir reden hier von Tagen oder sogar Stunden anstatt Jahren. Dann ist die herkömmliche Verschlüsselung alles andere als sicher.

Die gute Nachricht: Quantencomputer ermöglichen völlig neuartige Methoden zur Verschlüsselung. Für die Extremangeber: Man nutzt aus, dass sich der Zustand von Quanten ändert, wenn man versucht, sie zu messen. Also ändert sich die Verschlüsselung, wenn ein Hacker sie zu hacken versucht. Gruselig…

Aber Künstliche Intelligenz (KI) wird das doch alles lösen, oder? In der Tat gab es vor einigen Jahren ein Experiment, in denen zwei fiktive Menschen repräsentiert durch eine KI verschlüsselte Informationen austauschen sollten, ohne dass eine dritte KI in der Lage war, diese Verschlüsselung zu knacken. Nach 15.000 Versuchen schafften es die beiden tatsächlich eine Verschlüsselung zu entwickeln, die die dritte KI nicht entschlüsseln konnte. Kein Programmierer hatte diese Verschlüsselung entwickelt, die KI hatte sie selbst entworfen. Wer weiß, wie viele Nachrichten zwischen verschiedenen KIs bereits ausgetauscht werden, ohne dass wir als Menschen jemals davon erfahren. Wenn das nicht Material ist, um in geselliger Runde Eindruck zu schinden!

Die schlechte Nachricht: Man braucht für all das keine Primzahlen mehr und das ist eigentlich schade.

42

Mathematisch betrachtet ist diese Zahl nicht besonders interessant. Warum wird sie hier trotzdem erwähnt? Sie sind vielleicht schon mal in die Situation gekommen, dass jemand nach einer Abschätzung gefragt wurde, die er nicht guten Gewissens beantworten konnte. „Wie viel wird das kosten?", „Wie lange wird das dauern?", „Wie hoch wird die Gewinnmarge?" sind nur einige Beispiele, die man zumindest im Berufsleben oft hört. Wenn der oder die Gefragte keine Ahnung hat, wie sie das beantworten soll, hört man immer wieder die Antwort: 42. Das deutet auf folgendes hin:

- Die oder der Gefragte hat das Buch *Per Anhalter durch die Galaxis* gelesen oder kennt zumindest den Teil mit der 42
- Die wahre Antwort ist vollkommen unklar.
- Möglicherweise ist sogar die Problemstellung nebulös bis unbekannt.

Schaut man sich dann im Raum um, so sieht man bei einem gewissen Teil der Anwesenden verständiges Nicken. Die kennen das Buch auch, die gehören dazu.

Die anderen blicken verständnislos herum. Die gehören nicht dazu.

Wenn Sie also dazu gehören wollen (und das ist eine der vielen Gründe, warum wir so gerne angeben), dann sollten Sie die Grundzüge der Geschichte kennen und in solchen Situationen verständnisvoll nicken. Wenn Sie das oft genug getan haben, wird Ihnen die Antwort 42 wie von selbst über die Lippen kommen.

Also…

Eine außerirdische Kultur entwickelt einen Supercomputer Deep Thought, um die Antwort auf die Frage aller Fragen zu finden, die Frage nach dem Leben, dem Universum und dem ganzen Rest. Der Computer funktioniert auch, aber er braucht über 7 Millionen Jahre Rechenzeit. Erstaunlich genug, dass er so lange durchhält und die Menschheit es schafft, ihn am Laufen zu halten. Am Ende dieser Jahrmillionen präsentiert er die Antwort: 42. Unklar aber ist, was denn eigentlich die Frage war. Na ja, wer soll das nach über 7 Millionen Jahren auch noch wissen.

Wenn Sie also selbst mal mit einer Frage konfrontiert werden, bei der Sie weder die Frage richtig verstehen, noch die Antwort kennen, antworten Sie mit „42" und beobachten Sie, wie viele im Raum wissend nicken.

Am Anfang dieses Kapitels habe ich behauptet, die Zahl 42 sei mathematisch nicht besonders interessant. Wie wär's mit folgender Frage:

Gibt es x, y, z $\in \mathbb{Z}$, sodass gilt: $x^3+y^3+z^3 = 42$? Die kurze Antwort: Ja. Die drei Zahlen lauten

$$-80.538.738.812.075.974$$

$$80.435.758.145.817.515$$

$$12.602.123.297.335.631$$

Diese Lösung wurde erst 2019 mit Hochleistungsrechnern gefunden (genau genommen wurde ungenutzte Rechenkapazität von einer halben Million Heim-PCs genutzt). Was ist der praktische Nutzen dieser Lösung? Keine Ahnung, ich glaube nicht mal, dass man damit angeben kann. Also war meine Behauptung am Anfang des Kapitels gar nicht so schlecht.

73

Wenn Sie die Kultserie The Big Bang Theory nicht kennen, oder wenn Sie sie hassen, dann überspringen Sie einfach das Kapitel.

Wenn Sie hier weiter lesen, dann wissen Sie, dass Sheldon der Hauptdarsteller ist. Sheldon ist ein Nerd, wie er im Buche steht mit einem IQ von 187. Seine extreme Nerdigkeit und die seiner Kommilitonen macht den Witz der Serie aus. In Folge 73, *The Alien Parasite Hypothesis* erklärt Sheldon, warum die 73 seine Lieblingszahl ist.

„Es ist die 21. Primzahl, wenn man ihre Stellen spiegelt, kommt 37 heraus, was Primzahl Nummer 12 ist, also die Spiegelung von 21, und das Produkt von 7 und 3 ist ebenfalls 21.“

Verstanden? Ist auch egal, es geht ja auch nur um eine nerdige Antwort, auf die ein Normalsterblicher nie gekommen wäre.

Die Geschichte ging dann in der realen Welt weiter. Im Jahr 2019, neun Jahre nach Ausstrahlung dieser Folge, haben zwei Mathematiker bewiesen, dass 73 tatsächlich die einzige Zahl mit diesen Eigenschaften ist. Dieser Beweis war sehr kompliziert.

Die Geschichte ging dann zurück in die Serie. Wenig später war der Beweis der beiden Mathematiker in einer der Folgen von The Big Bang Theory auf einem Whiteboard im Hintergrund zu sehen. Darauf wurde dann in der Folge nicht weiter eingegangen.

Was sehr Kleines

Wie lange braucht ein Lichtteilchen, um ein durchschnittliches Wassermolekül zu durchqueren? Nun, Licht hat tatsächlich eine Geschwindigkeit, wie ich weiter unten noch näher beschreiben werde. Licht ist zumindest hin und wieder ein Teilchen, daher ist die Frage oben nicht unsinnig. Licht ist sehr schnell und ein Wassermolekül ist sehr klein. Das kann also nicht allzu lange dauern, bis ein Lichtteilchen da durch ist. Es braucht 247

Zeptosekunden. Nie gehört? Macht nichts. Eine Zeptosekunde ist der billionste Teil einer milliardstel Sekunde. Das sind

$$10^{-21} = 0,000000000000000000001$$

Sekunden, wenn ich mich bei den Nullen nicht verzählt habe. Die Zahl an sich ist nicht so erstaunlich, es war ja klar, dass das ziemlich schnell gehen muss. Interessant sind zwei Dinge:

- Die Zahl hat einen Namen! Nicht, dass man diesen Namen im Alltag öfters bräuchte. Aber man kann den Begriff Zeptosekunde bei passender Gelegenheit fallen lassen. Und schon kann man glänzen.
- Man kann das tatsächlich messen. Das gelang einem deutschen Physiker Team im Jahr 2020 und war ein Weltrekord im Messen von kleinen Zeitabschnitten. Abgelöst wurde damit der Rekord eines ägyptischen Chemikers, der 1999 die Dauer von Schwingung von Molekülen gemessen hat. Die lagen im Femtosekundenbereich, wobei eine Femtosekunde 10^{-15} Sekunden entspricht. Das ist natürlich viel länger, als 247 Zeptosekunden.

Nach diesem kurzen Ausflug in die Welt der sehr kleinen Zahlen wenden wir uns wieder größeren zu. Viel größeren.

Was sehr Großes - Googol

Ja, jeder weiß es. Googol ist der Namensgeber der Suchmaschine Google. Man wollte demonstrieren, dass man ziemlich viele Webseiten finden konnte. 1 Googol ist

10000000000000000000000000000000000000000000000000000
0000000000000000000000000000000000000000

$$= 1 * 10^{100}.$$

Das ist eine 1 mit 100 Nullen. Das ist eine ziemlich große Zahl.

Versuchen Sie nicht, damit anzugeben, das erntet nur gelangweiltes Gähnen. Aber wie wär's mit folgendem unnützen Wissen:

Diese Zahl heißt im Deutschen zehn *Sexdezilliarden*.

Die Zahl 70! ist ca. 1,2 Googol groß. Die Primfaktoren von Googol sind die 2 und die 5. 1 Googol = $2^{100}*5^{100}$.

Noch größere Zahlen gefällig? 1 Googolplex = 10^{Googol} = $10^{10^{100}}$. Der Name des Firmensitzes von Google lautet Googleplex, das hat natürlich nichts mehr mit Größenwahn zu tun. Die darauf folgende Zahl, Googolplex + 1 ist übrigens keine Primzahl, einer ihrer Primfaktoren ist

$$316.912.650.057.057.350.374,175.801.344.000.001$$

Probieren Sie das mal auf einem Taschenrechner aus.

Es gibt ungefähr 10^{80} Atome im (sichtbaren) Weltall, also weniger als ein Googol. Das ist allerdings nur eine Schätzung, Experten gehen von deutlich höheren Zahlen aus. Anderer Zahlen, von denen Sie wahrscheinlich noch nie gehört haben?

1 Quadrillion = 10^{24} (Diese Zahl hat übrigens 625 Teiler)

1 Quintilliarde = 10^{33}

1 Oktilliarde = 10^{51}

1 Quindezillion = 10^{90}

Übrigens ist Googol nicht die größte Zahl mit eigenem Namen. Das ist eine Zentilliarde, die hat immerhin 603 Nullen, ist aber immer noch genauso weit entfernt von unendlich wie die 0 oder die 1.

Das alles eignet sich natürlich ideal zum Angeben. Wenn Sie dieses gesamte Wissen auf einmal auspacken, sind Sie aber als pickeliger Nerd abgestempelt. Wenn Sie das wollen, können Sie gerne noch hinzufügen, dass *Googolgon*, ein Polygon mit googol

(10^{100}) Ecken und *Googolgramm*, ein einem Polygon mit googol (10^{100}) Ecken eingeschriebener Stern ist. Spätestens dann kommen die Leute mit den weißen Kitteln.

Immer noch nicht?

- In einem Peanuts-Comic erklärt *Schroeder* seiner Verehrerin *Lucy*, dass die Chancen für ihre Heirat 1 zu Googol stehen
- Im Film *Zurück in die Zukunft III* nennt Dr. Emmett L. Brown („Doc Brown") die Chance, seine Frau zu treffen, 1 zu Googolplex

Welche Rolle spielt diese Zahl in der Mathematik? Eigentlich keine. Mit ihr kann man nicht viel anfangen und sie ist genauso weit von unendlich entfernt wie jede andere Zahl auch.

(Un)glückszahlen

Ja, der Freitag der 13. Was da alles schief gehen kann! Interessanterweise sind Freitage mit dem Datum 13 eher die ungefährlicheren Tage. Das liegt wohl daran, dass sich viele abergläubige Menschen an solchen Tagen nicht raus trauen. Dieser Aberglaube hat wohl tatsächlich christlichen Ursprung. Jesus wurde an einem Freitag gekreuzigt und das auch noch aufgrund des Verrates vom 13. Jünger (Judas war der 13. Gast beim Abendmahl). Die Angst vor der Zahl 13 nennt man *Triskaidekaphobie* und die Angst vor einem Freitag, den 13. *Paraskavedekatriaphobie*. Immer wieder erstaunlich, welche Ausdrücke es gibt. Das können Sie ja mal anbringen, wenn Sie einem solchen Menschen begegnen. Allerdings ist es nicht so einfach, diese beiden Begriffe auswendig zu lernen.

Aber in der aufgeklärten Welt von heute kann doch nicht mehr ernsthaft geglaubt werden, dass die Zahl 13 Unglück bringt. Die Realität sieht interessanterweise anders aus. In den meisten Hotels sucht man vergeblich das 13. Stockwerk oder Zimmer Nummer 13. In den meisten Flugzeugen folgt auf Reihe 12 die Reihe 14 und da hat sich keiner verzählt. Ich kann mich noch an einen Überseeflug vor einigen Jahren erinnern, als ich mich wunderte, dass das Flugzeug nur zu 20% ausgelastet war. Es war halt ein Freitag, der 13. Es ist nichts Schlechtes passiert, im Gegenteil, ich hatte sehr viel Platz.

Nicht in allen christlich Ländern ist dieses Datum gefürchtet. In Italien ist es eher Freitag der 17. (in italienischen Flugzeugen fehlt oft die 17. Reihe). Die 17 in römischen Ziffern lautet XVII, was ein Anagramm zu VIXI ist, was *ich habe gelebt* bedeutet. Das ist nur eine von vielen Erklärungsversuchen. In Spanien sind die Flugzeuge an einem Dienstag, dem 13. leer. In der jüdischen Tradition sowie bei den Mayas ist und war die 13 eher eine Glückszahl. Das gleiche gilt für Japan und Mexiko.

In China und Japan fürchtet man die Zahl 4 als Unglückszahl, wohl weil sich *vier* im Chinesischen so ähnlich anhört wie *Tod*. Das ist noch viel schlimmer, weil es deswegen in chinesischen Hotels weder das 4. Stockwerk noch Etagen 14, 24 und alle 40er gibt. Wenn Sie nach China reisen, versuchen Sie nicht zu verstehen, in welchem Stockwerk sie wirklich untergebracht sind. Vertrauen Sie dem Aufzug. Dafür sollten Sie vermeiden, in einer Vierergruppe am Tisch zu sitzen. Sollten Sie eine Feier ausrichten, achten Sie darauf, dass die Anzahl der Gäste eine gerade Zahl ist, die keine Vier enthält. Gerade Zahlen sind beliebter. Da kommt man schon mal ins Grübeln, wenn man die Gästeliste zusammenstellt. Nehmen Sie lieber die Zahl 8, das ist eine Glückszahl. Laden Sie an einem 8.8. 88 Gäste ein. Falls Sie jemals in China ein vierblättriges Kleeblatt finden, sagen Sie es keinem.

Die 7 hingegen wird in der westlichen Kultur allgemein als Glückszahl empfunden und nicht nur weil sie im Alltag oft vor kommt (7-Tage Woche, 7 Weltwunder, Gott schuf die Erde in 7 Tagen, die 7 Farben des Regenbogens usw.) Sie kommt in der Mathematik erstaunlich häufig vor.

- 7 ist die Miller'sche Zahl. George A. Miller beschrieb 1956 die These, dass ein Mensch gleichzeitig nur 7 Informationseinheiten im Kurzzeitgedächtnis präsent halten kann. Die Größe des Kurzzeitgedächtnisses ist genetisch festgelegt und kann auch durch Training nicht gesteigert werden.
- In der mathematischen Katastrophentheorie gibt es sieben Normaltypen. Genaugenommen untersucht man hier sieben verschiedene Arten von Singularitäten und deren Reaktion auf leichte Veränderung von Parametern. Nehmen wir eine Bogenbrücke, deren Belastung kontinuierlich zunimmt. Ab einem gewissen Punkt ändert sich ihr Zustand abrupt, sie stürzt ein. Daher der Name. Die Katastrophentheorie ist ein wichtiger Baustein der Chaostheorie.
- 7 ist eine Primzahl, wenn auch zu klein für RSA-Verschlüsselung.
- Die Drake Gleichung ist das Produkt von 7 Faktoren. Diese Gleichung ist eine Abschätzung der Anzahl von außerirdischen Zivilisationen in unserer Galaxie, die technisch in der Lage und gewillt wären, mit uns zu kommunizieren. Heißt nicht, dass Sie das können, wie wir später noch sehen werden. Eins von vielen Ergebnissen dieser Gleichung für unsere Galaxis ist übrigens 35. Mit so vielen außerirdischen Zivilisationen könnten wir kommunizieren. Kann man glauben oder nicht.
- Das Clayton Institute of Mathematics in den USA hat 7 ungelöste mathematische Probleme identifiziert und für deren Lösung jeweils $1 Million ausgeschrieben. Wenn das kein Glück bringt!

Und da gibts ja noch die Drei. Aller guten Dinge sind bekanntlich drei und diese Zahl spielt tatsächlich in einigen Religionen, aber auch in der Literatur eine Rolle. Im Christentum ist es die

Dreifaltigkeit, bei den Griechen sind es drei Götter (Zeus, Poseidon, Hades), die sich die Herrschaft über die Menschen und andere Gottheiten teilen. Die Ägypter hatten Isis, Osiris und Hodus, während es in der nordischen Mythologie drei Nornen waren. In Mythen und Märchen sind ebenfalls aller guten Dinge drei. Dreimal musste die Königstochter Stroh zu Gold spinnen, drei Tage hatte sie Zeit, den Namen von Rumpelstilzchen zu erraten. Es gibt drei Schicksalsgöttinnen, drei Weise aus dem Morgenland und ständig muss man drei Prüfungen bestehen. Und zu guter Letzt, wenn Sie einer Fee begegnen, haben Sie wie viele Wünsche frei? Genau: Drei.

Natürlich hat man versucht, mathematisch zu erfassen, ob diese Zahlen wirklich einen Einfluss haben. Es gibt zahlreiche Statistiken, die aber überraschenderweise keine Häufung von Glück oder Unglück an den entsprechenden Tagen nachweisen konnten.

Als Mathematiker bin ich natürlich nicht abergläubig, das bringt nur Unglück.

2 – Maße und Gewichte

W as kann an Maßen und Gewichten so spannend sein, dass man damit angeben könnte? Wir wissen doch alle, was 100 Kilometer bedeuten, wenn wir mit dem Auto unterwegs sind oder wie viel Liter Milch ich im Supermarkt kaufen muss, damit meine Familie morgens ihr Müsli bekommt. Langweilig oder doch nicht? Interessant wird es, wenn jemand sagt, er brauche nur ein Quäntchen Glück, um ein Tennisspiel zu gewinnen. Dann kann man mit Fug und Recht behaupten, er brauche 4 Gramm Glück. Aber der Reihe nach:

Einen Steinwurf entfernt sind 33 Fuß

Solche Aussagen findet man tatsächlich im Internet, andere sprechen von ca. einem Kilometer. Die Wahrheit ist: Ein Steinwurf entfernt ist ein Längenmaß, das nicht allgemeingültig definiert ist und nichts anderes bedeutet als *in der Nähe*. Schließlich hängt es von vielen Faktoren ab, wie weit man einen Stein werfen kann, Größe und Gewicht des Steines, Kraft und Technik des Werfers etc. Es gibt wohl kaum ein Maß, das ungenauer ist und jeglicher Interpretation Tür und Tor öffnet. *In der Nähe* kann abhängig von der Situation alles Mögliche bedeuten und dennoch hat sich der Begriff „einen Steinwurf entfernt" in unserem Wortschatz etabliert.

Wie dick ist ein Daumen?

Seit dem Altertum maßen die Menschen mit ihren Körperteilen Elle, Fuß, Daumen, Handbreite, Handspanne etc. So bezeichnete eine Elle die Länge von der Spitze des Mittelfingers zum Ellenbogen. Eine Spanne war die Strecke, die man mit einer gespreizten Hand erreichen konnte und war die Hälfte einer Elle. Eine Handbreite war eine Sechstel Elle, ein Fingerbreit war eine 24-tel Elle. Heinrich I. führte den Zoll ein als Breite seines Daumens. Der Zoll wird heute mit 2,54 cm definiert, das passt bei meinem Daumen einigermaßen.

Das Praktische an diesen Maßen war, dass jeder immer seine Körperteile dabei hatte und die dann zum Messen benutzen konnte. Unpraktisch war, dass diese Körperteile nicht bei jedem gleich groß waren. Wenn ein großer Mensch ein Haus mit einer Seitenlänge von 20 Ellen baute, dann war das größer als das von seinem etwas kleiner geratenen Nachbarn. Irgendwie auch praktisch. Jedenfalls kann man sich vorstellen, dass es oft genug Streit darüber gab, wessen Elle oder Hand denn die richtige sei. Bei mir ist eine Elle ca. 48 cm, das habe ich mit meinem geeichten Zollstock gemessen (siehe nächstes Kapitel). Mit zwei Handspannen erreiche ich allerdings nicht meinen Ellenbogen, das habe ich mehrfach versucht. Dafür reichen 5 Handbreit von meiner rechten Hand für meine Elle. Es ist kompliziert.

Für sehr große Bauprojekte, wie z.B. Pyramiden in Ägypten brauchte man dann schon ein etwas einheitlicheres Maß. Im antiken Ägypten wurde dann um 2700 vor Christus die erste standardisierte Elle der Welt eingeführt, die königliche Elle (Meh). Sie maß 523-529 mm und sie wurde unterteilt in 28 Finger (Djeba) von jeweils 19 mm. Das entspricht bei mir dem Ringfinger, aber da bin ich schon mit 25 Fingern am Ende der Elle. Der König, der dieser Elle seinen Segen gab, hatte wohl einen etwas längeren Unterarm, als ich. Es gab damals bereits Ellenstäbe aus verschiedenen Materialien, unter anderem zum Bau von Pyramiden. Die Cheops Pyramide ist 280 Ellen hoch und hat eine Grundfläche von 440 Ellen^2. Zusätzlich zu der Unterteilung in Finger gab es noch Handbreit, Faust, sowie große und kleine Spanne. Ein Chet war 100 Ellen, ein Fluss-Maß hatte 20.000 Ellen. Assyrer, Griechen und Römer nutzten ebenfalls Ellen als Maß, allerdings alle etwas unterschiedlich. Die Menschen waren schließlich verschieden groß.

Auch in der Bibel finden wir die Elle als Maß. Siehe auch das Zitat aus dem Buch der Könige im Kapitel *Pi und die Quadratur des Kreises*.

Die Römer nutzen auch Fuß, Schritt und Meile. Eine Meile war 1000 Doppelschritte, jeder davon fünf Fuß. 1593 definierte dann

Königin Elizabeth I die Meile mit 5280 Fuß. Die Königin wird mit der folgenden Definition zitiert: „Eine Meile sind acht Furlong, jeder Furlong sind vierzig Pole und jeder Pole sechzehneinhalb Fuß". Ab da herrschte dann Klarheit.

Der Begriff Zollstock ist ein Überbleibsel des Daumens von Heinrich (das englische Wort für Zoll ist inch, logischerweise wird der Zollstock im Englischen auch Inchstick genannt). Meterstab ist eigentlich das passendere Wort.

So unpraktisch und ungenau das Ganze war, man sieht heute noch wie Handwerker und Heimwerker, die keinen Meterstab zur Hand haben, Entfernungen grob ausmessen, indem sie Hände und Ellenbogen benutzen. „Das sind dann ungefähr achteinhalb Meter" und man staunt, wie nahe die dran sind.

Ein Meter ist der zehnmillionste Teil des Erdmeridian

Was die Genauigkeit der Definition angeht, so ist der Meter das genaue Gegenteil des Steinwurfes. Kaum etwas ist so exakt beschrieben. Es war gegen Ende des 18. Jahrhunderts, während der Französischen Revolution, als in Paris beschlossen wurde, den Meridian zwischen Dünkirchen und Barcelona genau zu vermessen, um letztendlich mit dem Chaos der verschiedenen Längenmaße aufzuräumen. Nicht zufällig wurde daher im Geist der Brüderlichkeit und Freiheit in der Französischen Revolution der Ruf laut, den willkürlichen Interpretationen der damals äußerst ungenauen Maße der herrschenden Eliten ein universelles, genormtes Maß entgegenzusetzen. Der Meter (griechisch für *Maß*) wurde festgelegt auf den zehnmillionsten Teil des Erdmeridianquadranten (Strecke vom Nordpol zum Äquator).

Vielleicht hätte man eine einfachere Definition finden können, denn die Vermessung des Meridians von Dünkirchen nach Barcelona dauerte dann immerhin sieben Jahre. Andererseits war es wohl wichtig, eine Größe zu nehmen, die von allen als unveränderlich angesehen wurde. Ein Wissenschaftler startete damals von Dünkirchen, ein anderer von Barcelona. Sie nutzen neuartige Messgeräte mit Winkeln und Fernrohren und trafen sich schließlich in Südfrankreich. Daraufhin konnte der Meter für die damaligen Verhältnisse ziemlich exakt bestimmt werden. Aufgrund dieser Berechnungen wurde ein *Urmeter* erstellt und in einem Panzerschrank in Paris aufbewahrt. Kopien wurden im ganzen Land verteilt.

Im Laufe des 19 Jahrhunderts setzte sich der Meter als „Maß aller Dinge" in Europa durch. 1875 entstand ein Vertrag über die internationale Vereinheitlichung von Maßen und Gewichten einschließlich der Übernahme des Urmeters. Inzwischen sind 50 Staaten dem Abkommen beigetreten. Man fragt sich, mit was die anderen knapp 150 Staaten der Welt noch messen.

Ende des 19. Jahrhunderts wurde eine noch genauere Version des Meters mit einer Platin-Iridium-Legierung gegossen, die eine Genauigkeit von 10^{-7} hatte. Der Urmeter war mit einer Genauigkeit von 10^{-4} anscheinend nicht mehr genau genug. Alle Länder, die dem Abkommen beigetreten waren, erhielten Kopien. Die Genauigkeit des Urmeters 2.0 war dann ein knappes Jahrhundert später wieder nicht ausreichend und man entschied sich 1960 den Meter über die Wellenlänge der von Atomen ausgesandten und verbreiteten Strahlung zu definieren. Urmeter 3.0 überlebte nur wenige Jahre und wurde dann von Urmeter 4.0 abgelöst, der definiert ist als die Strecke, die das Licht in einem Vakuum in 1/299792458 Sekunde zurücklegt. Die Lichtgeschwindigkeit beträgt 299.792.458 m/s, das kürzt sich also wunderbar raus und man erhält tatsächlich einen Meter.

Wir werden vielleicht noch erleben, wie lange diese Definition gültig sein wird und wann sie durch eine noch genauere ersetzt wird. Wenn wir heute als Heimwerker mit einem Zollstock Maßnehmen, können wir uns auf alle Fälle beruhigt zurücklehnen. Mit der Definition von 4.0 kann da nichts mehr schiefgehen.

Andere Maßeinheiten

Nach dem Erfolg des Meters wurde im 20. Jahrhundert das Internationale Einheitensystem SI beschlossen, das neben dem Meter noch Maße für Gewicht (Kilogramm), Zeiteinheiten (Sekunde), Stromstärke (Ampere), Temperatur (Kelvin), Lichtstärke (Candela), sowie Stoffmenge (Mol) enthielten. Viele andere Einheiten lassen sich aus diesen sieben SI-Einheiten ableiten.

Man kann allerdings nicht behaupten, dass sich alle wirklich flächendeckend durchgesetzt haben. Wir reden immer noch von PS statt Kilowatt (ein Kilowatt hat 1,36 PS) obwohl klar ist, dass nicht jedes Pferd die gleichen PS hat. Wir messen Temperatur in Celsius oder Fahrenheit im angelsächsischen Raum. Wir zählen verzweifelt Kalorien statt Joule. Juweliere nutzen Feinunzen (etwas mehr als 31 Gramm im Gegensatz zu Unzen = 28,5 Gramm), Apotheker zusätzlich Drachmen (achter Teil eine Unze). Installateure verwenden Zoll, um Durchmesser von Rohren zu beschreiben, obwohl sich daraus schwer handhabbare Maße wie 1/16 Zoll ergeben. Wir benutzen Pfund und Zentner und selbst der Begriff *Quentchen* (heute eigentlich *Quäntchen* geschrieben) hat sich irgendwie gehalten. Das war ein altes Handelsgewicht, das dem vierten Teil eines Lots entsprach. Das sind ungefähr 4 Gramm. Wenn also jemand von einem Quäntchen Glück spricht, dann sind 4 Gramm Glück gemeint. Irgendwie kann man Glück also doch messen und man braucht gar nicht viel.

Noch verwirrender ist es im angelsächsischen Raum, beispielsweise in den USA. Dort tankt man in Gallonen (1 Gallone = 3,785 Liter), misst Temperaturen in Fahrenheit ($F = (K - 273,15) * 9/5 + 32 = C \times 1,8 + 32$), das Gewicht eines Rindersteaks steht in Unzen (28,5 Gramm) auf der Speisekarte und das Pfund wiegt 10% weniger als bei uns. Längenangaben erfolgen in Zoll, Fuß (30,5 cm) und Meilen (1,61 km, nicht zu verwechseln mit der nautischen Meile, die beträgt 1,85 km). Beim American Football geht es um Yards (91 cm). Kaum etwas davon kann man im Kopf in das metrische System umrechnen, das es offiziell auch dort gibt und nichts davon ist das

Zehnfache einer anderen Einheit (1 foot = 12 inches, 1 Pfund = 15,79 Unzen). Ein Pint Bier hat in den USA 0,473 Liter, entspricht also bei uns einer schlecht eingeschenkten Halben. In Großbritannien sind es immerhin 0,5683 Liter. Im Anhang finden Sie eine Tabelle mit den wichtigsten Maßen und deren Erklärungen.

Auch im deutschsprachigen Raum gab es eine Unmenge verschiedener Maße, bevor die SI-Einheiten entstanden. Viele dieser Masse haben sich zumindest in unserem Sprachgebrauch erhalten. Eine Spule (1600 Faden Garn), ein (Heu)-Schober (60 Bunde Stroh) oder das Gros (12 duzend = 144) sind Beispiele.

Wie hoch ist der Baum?

Will man wissen, wie hoch ein bestimmter Baum ist, so hat man mehrere Möglichkeiten.

- Die Akrobatenlösung: Man nimmt ein Seil, klettert auf den Baum und lässt es bis zum Boden herunter. Ganz oben macht man einen Knoten ins Seil. Dann klettert man wieder runter und misst die Länge des Seils bis zum Knoten. Ziemlich mühsam und nicht ungefährlich, funktioniert aber.
- Die Physiklösung: Man klettert auf den Baum und lässt von oben einen Stein fallen. Man misst die Zeit, die er bis zum Boden braucht und wendet die Fallgesetze an. Dabei wächst die Fallgeschwindigkeit v proportional mit der Fallzeit. Es gilt also $v = gt$. Die durchfallene Strecke h (und die will man wissen) wächst proportional zu t^2. Damit erhält man $\Delta h = 1/2g\ \Delta t^2$ mit dem Proportionalitätsfaktor $g = 9{,}81\ m/s^2$. Damit kann man die Höhe irgendwie ausrechnen.
- Die Antiökolösung: Man fällt den Baum und misst ihn im Liegen. Machen Sie das bitte nicht!
- Die Mathematikerlösung: Man nutzt die Strahlensätze.

Dazu suche man sich einen Stock, der möglichst gerade ist. Man misst die Länge des Stocks. Sagen wir, der ist 50 cm lang. Man misst die Länge des ausgestreckten Armes bis zur Faust, die den Stock hält. Bei mir sind das 65 cm. Dazu misst man die Strecke vom Boden bis zur Höhe des ausgestreckten Armes. Der sollte parallel zum Boden sein. Das sind bei mir 1,48 m. Dann peilt man mit dem Auge parallel zum ausgestreckten Arm (dazu muss man sich ein bisschen verrenken) über den Stock den Baum an und entfernt (oder nähert) sich dann so weit, dass die Spitze des Stocks mit der Spitze des Baumes übereinstimmt. Die folgende Grafik veranschaulicht das.

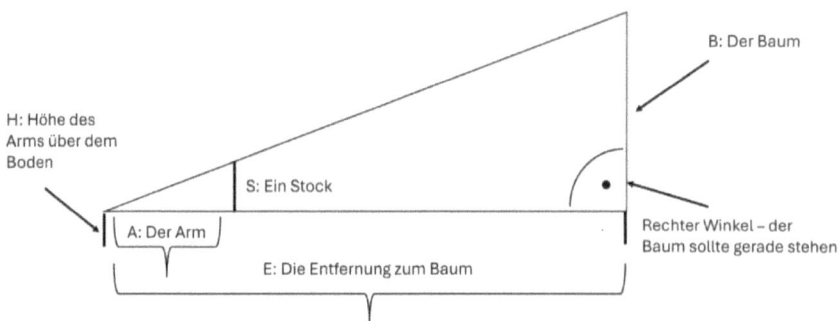

Wir erinnern uns an die Schulzeit: $B/E = S/A$ oder umgeformt $B=E^*S/A$. S/A kennen wir (im Beispiel oben $0{,}5/0{,}65 \approx 0{,}77$), die Entfernung zum Baum kann man dann in Ruhe auf dem Boden messen. Wenn man dann B hat, muss man noch H addieren und man hat die Höhe des Baumes. Das ist ziemlich ungefährlich und auch einfach zu berechnen, leider aber ein bisschen ungenau. Die Augen liegen ein bisschen höher als der ausgestreckte Arm, den kriegen wir nicht 100% parallel zum Boden gehalten und wahrscheinlich zittert er ein bisschen. Aber immerhin, das Ergebnis wird einigermaßen nahe dran sein.

In der Tat nutzen Landvermesser dieses Prinzip, um Höhen und Entfernungen zu messen, allerdings eher nicht mit Stöcken und ausgestreckten Armen, sondern mit geeichten Geräten, die fest auf dem Boden stehen. Das ist dann schon genauer, aber um Leute bei einem spontanen Waldspaziergang zu beeindrucken, reicht die Methode oben locker aus.

Und was ist mit sehr großen Entfernungen?

Die gibt es wohl im Weltall, in den sogenannten unendlichen Weiten (darüber wird noch zu reden sein). Hier spricht man praktischerweise nicht mehr von Kilometern, sondern von Lichtjahren. Zunächst mal: Licht hat eine Geschwindigkeit. Das merkt man auf der Erde nicht so, weil die sehr klein und Licht ziemlich schnell ist. Genaugenommen: 299.792.458 m/s. Das sind grob 300.000 km/s oder 1.080.000.000 Stundenkilometer. Das ist mehr als eine Milliarde, also eine ziemlich unhandliche Zahl. Man nimmt dabei natürlich an, dass sich das Licht durch ein leeres Vakuum bewegt, was für den größten Teil des Weltalls zutrifft. Auf der Erde schleicht sich hier eine kleine Ungenauigkeit ein, die aber zu verkraften ist.

Wenn man nun die Dimensionen des Weltalls in Zahlen fassen will, braucht man andere Maßeinheiten, und die gängigste ist das Lichtjahr. Das ist die Strecke, die das Licht in einem Vakuum in einem Jahr zurücklegt. Also 1.080.000.000 mal 24 mal 365 (Schaltjahre ignoriert). Mein Taschenrechner behauptet, das seien $9,4608 * 10^{12}$, also grob 9 Billionen km. Und wir reden beim Weltall von Milliarden von Lichtjahren.

Das ist alles ein bisschen groß für unsere Vorstellungskraft, also begnügen wir uns mit etwas Kleinerem: Das Licht braucht vom Mond zu Erde ca. 1 Sekunde und von der Sonne zur Erde ca. 8 Minuten. Wenn wir die Sonne sehen, können wir also nur mit Sicherheit sagen, dass es sie vor 8 Minuten noch gab. In der Zeit kann viel passieren…

Der Durchmesser unserer Milchstraße ist ungefähr 105.000 Lichtjahre. Der nächste Stern - Proxima Centauri - ist ca. 4,2 Lichtjahre entfernt. Im Jahr 2023 erreichte eine Sonde eine Höchstgeschwindigkeit von 635.000 km/h. Und die war unbemannt. Selbst die würde 63 Millionen Jahre brauchen, um auf Proxima Centauri aufzuschlagen, wenn sie diese Höchstgeschwindigkeit so lange aufrechterhalten könnte. So viel zum Traum außerirdischer Besuche. Es sei denn, es gibt doch eine versteckte Zivilisation auf dem Mars…

Übrigens, wenn wir versuchen würden, das Licht zu überholen (mal angenommen, wir könnten so schnelle Raumschiffe bauen), dann würden wir erstaunt feststellen, dass das nicht geht. Selbst wenn unser Raumschiff mit 1 km/h langsamer fliegen würde als das Licht und wir noch mal um 2 km/h beschleunigen würden, wir kämen nicht vorbei. Das liegt einfach daran, dass Zeit nicht konstant ist, sondern relativ und dass nichts schneller sein kann als das Licht. Je schneller man fliegt, desto langsamer vergeht die Zeit. Zeit ist relativ zum Auge des Betrachters. Das können wir schon bei relativ langsamen Geschwindigkeiten erkennen.

Nehmen wir an, ein Zug fährt 100 km/h und in dem Zug geht ein Mensch mit 3 km/h in Fahrtrichtung des Zuges. Dann sind das für den Menschen im Zug 3 km/h. Wenn ein Beobachter das von außen sieht, dann bewegt sich der Mensch mit 103 km/h. Würde der Zug mit Lichtgeschwindigkeit fahren, so wäre das Tempo des Passagiers aus seiner Sicht immer noch 3 km/h. Für den Beobachter (wenn er dann überhaupt noch was erkennen könnte) aber immer noch Lichtgeschwindigkeit. Die Zeit bewegt sich Richtung Null, wenn sich die Geschwindigkeit in Richtung Lichtgeschwindigkeit bewegt.

Der Passagier im Zug altert dann auch nicht mehr. Das funktioniert auch mit normaler Geschwindigkeit. Man hat mehrere Versuche mit Atomuhren gemacht, die die exakt gleiche Uhrzeit anzeigten. Einige wurden im Flugzeug transportiert, andere blieb am Boden. Tatsächlich gingen die Uhren, die bewegt wurden, langsamer als die am Boden (die Höhe spielte hier auch eine Rolle, das nur der Vollständigkeit halber). Wenn Sie also in ein Flugzeug steigen und über den Atlantik fliegen, altern Sie langsamer als Ihre Liebsten zu

Hause. Cool oder? Die schlechte Nachricht: Wir reden hier über Nanosekunden, also Milliardstel Sekunden.

Jetzt sind wir doch schon nahe dran, also was ist denn nun mit der Unendlichkeit?

3 – Unendlichkeit

*E*s gibt zwei Dinge, die unendlich sind. Das Weltall und die menschliche Dummheit. Aber beim Weltall bin ich mir nicht sicher. Das ist eines meiner Lieblingszitate von Albert Einstein. Seine Unsicherheit bei der Unendlichkeit des Weltalls war berechtigt. Heute wissen wir, dass das Weltall endlich ist. Groß, aber nicht unendlich. Dazu passt auch ein Zitat von Voltaire: „Wer das Konzept der Unendlichkeit verstehen will, muss nur das Ausmaß menschlicher Dummheit betrachten."

Wir haben in diesem Buch schon über sehr große Zahlen wie Googol gesprochen und über sehr große Entfernungen, die wir mit Lichtjahren messen. Das sind alles sehr große Zahlen, aber letztendlich sind sie genauso weit von der Unendlichkeit entfernt, wie die 0 oder 1. Unendlich weit eben.

Ist Unendlich eine Zahl?

Um es vorwegzusagen: Unendlich ist keine Zahl. Man verwendet zwar dieses Symbol dafür ∞, aber es ist ein Begriff, ein Konzept, ein Grenzwert. Wäre es eine Zahl, was wäre dann $\infty+1$?

Unendlichkeit ist, was man bekommt, wenn man durch Null teilt und das ist selten was Gutes. $\frac{1}{0} = \infty$ macht gar keinen Sinn, weder das eine noch das andere ist eine Zahl. Sonst wäre ja auch $0 * \infty = 1$, wo doch alles mit Null multipliziert Null ergibt.

Trotzdem ist unendlich ein wichtiges Konzept in der Mathematik und wenn wir schon nicht damit rechnen können, schauen wir mal, was passiert, wenn wir uns in Richtung unendlich oder in Richtung $\frac{1}{0}$ bewegen. Solang wir nur in der Nähe sind, kann ja nichts passieren und man kann sich ja beliebig annähern. In der Mathematik benutzt man dazu den Begriff *Grenzwert*, auch *Limes* genannt. Hier eine kurze Wiederholung aus dem Kapitel über die Null:

Wenn wir uns vorsichtig in der Nähe von $\frac{1}{0}$ bewegen, dann nutzen wir am besten die Funktion $f(x) = \frac{1}{x}$ die natürlich für x=0 nicht definiert ist. Aber schon für sehr kleine x wie x= 1/1000. Dann ist f(x) = 1000 (man multipliziert mit dem Kehrwert). Gehen wir noch näher an die Null heran, z.B. mit x= 1/1.000.000, so ist f(x) = 1.000.000. Wir sehen also, je stärker wir uns der Null nähern, desto größer wird das Ergebnis. Was passiert aber, wenn wir uns von der anderen Seite, also der negativen nähern? x=-1/1000 bedeutet: f(x) = -1000. Bei x=-1/1.000.000 sind wir bei f(x) = - 1.000.000 usw. Je näher wir der Null also kommen, desto weiter entfernt voneinander sind die Ergebnisse, je nachdem von welcher Seite wir uns näheren. Dazwischen gibt es einfach keine sinnvolle Lösung, daher teilen Sie nicht durch Null, es führt zu nichts, es macht nur Ärger.

Dieses Verfahren lässt sich mathematisch so zusammenfassen:

$$\lim_{\substack{x \to 0 \\ x > 0}} \frac{1}{x} = \infty, \ \lim_{\substack{x \to 0 \\ x < 0}} \frac{1}{x} = -\infty$$

Die Grafik dazu sieht so aus:

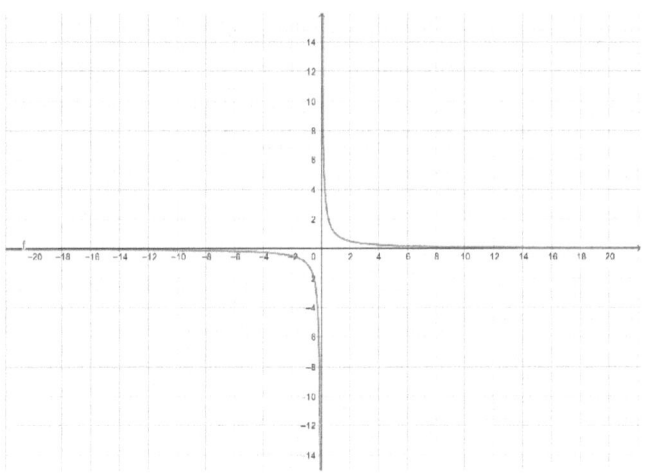

Nehmen wir $f(x) = -\dfrac{1}{x^2}$. Auch hierzu die Grafik:

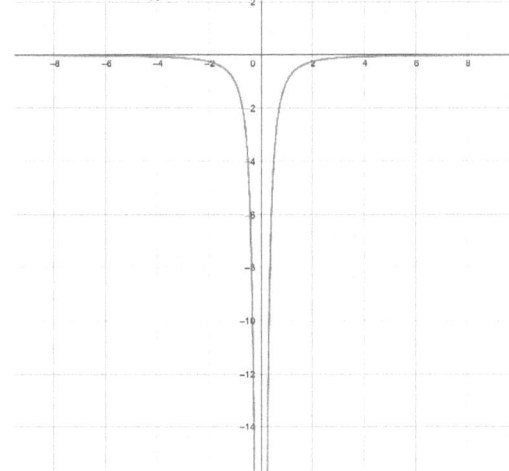

Offensichtlich bewegen wir uns gegen -∞ wenn x gegen Null geht. Diese Grafik erinnert stark an Bilder aus Einsteins Raum-Zeit Krümmung, ein Objekt mit sehr hoher Masse krümmt den Raum so stark, dass nicht einmal Licht entkommen kann. Denken wir uns diesen Prozess immer weiter, lassen also die Masse des Objektes gegen unendlich gehen, dann enden wir mit einem punktförmigen Objekt mit unendlicher Masse. Der Mathematiker nennt das eine *Singularität*. Keine Ahnung, ob es das wirklich gibt, aber Einstein hats bewiesen. Es ist aber überliefert, dass er nicht wirklich an die Existenz eines solchen Objektes geglaubt hat.

Wenn wir uns der Unendlichkeit annähern, passieren interessante Sachen. Hier ein Beispiel:

Kann man mit unendlich vielen Zahlen rechnen?

Wir haben im Kapitel Kopfrechnen in diesem Buch schon über das Kommutativgesetz gesprochen, das im Prinzip sagt, dass man Summen in jeder beliebigen Reihenfolge berechnen kann. So ergibt zum Beispiel 3 + 5 – 2 das gleiche wie 5 – 2 + 3 oder auch wie -2 + 5 + 3. Damit kann man sich Aufgaben stark vereinfachen, wie Gauß es mit der Summe der ersten 100 Zahlen getan hatte.

Wie aber sieht es bei Summen von unendlich vielen Zahlen aus? Wenn wir z.B.

$$1+2+3+4+5+\dots$$

rechnen, so wird diese Summe unendlich groß, wie bei vielen anderen Summen von unendlich vielen Zahlen. Es gibt allerdings auch Summen unendlich vieler Zahlen, deren Ergebnis endlich ist. Ein Beispiel ist

$$1 + \frac{1}{2} + \frac{1}{4} + \frac{1}{8} + \frac{1}{16} + \dots = 2$$

Man kann sich das leicht an 2 Quadraten mit Fläche 1 vorstellen. Das zweite Quadrat wird halbiert, dann der Rest wieder usw. Man erhält also zwei Quadrate der Fläche 1, das zweite entsteht durch permanente Halbierungen, wie die folgende Grafik zeigt.

 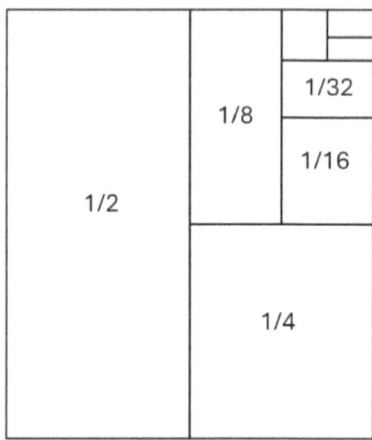

Ein weiteres Beispiel ist das folgende:

$$1 - \frac{1}{2} + \frac{1}{3} - \frac{1}{4} + \frac{1}{5} - \frac{1}{6} + \frac{1}{7}... = \sum_{n=1}^{\infty}(-1)^{n+1}\frac{1}{n} = \ln(2)$$

Den Beweis erspare ich mir hier. Nun wendet man das Kommutativgesetz an und berechnet diese Summe in der folgenden Reihenfolge:

$$1 - \frac{1}{2} - \frac{1}{4} + \frac{1}{3} - \frac{1}{6} - \frac{1}{8} + \frac{1}{5} - \frac{1}{10} - \frac{1}{12}...$$

Hier wurde zunächst jede vierte Zahl genommen, dann die jeweiligen Zahlen mit ungeradem Nenner rechts danebeneingefügt ($\frac{1}{3}$ neben $\frac{1}{4},\frac{1}{5}$ neben $\frac{1}{8}$, usw.) und dann alle restlichen Zahlen jeweils rechts daneben. Alle Zahlen sind nach wie vor vorhanden, aber die Reihenfolge ist anders.

Rechnet man einige der Brüche zusammen, so erhält man

$$\frac{1}{2} - \frac{1}{4} + \frac{1}{6} - \frac{1}{8} + \frac{1}{10} - \frac{1}{12} \cdots$$

und damit genau die Hälfte der ursprünglichen Summe und damit das Ergebnis $\frac{1}{2}\ln(2)$. Damit ist $\frac{1}{2}\ln(2) = \ln(2)$ und $\frac{1}{2} = 1$.

Den Fehler hier zu finden ist gar nicht so einfach. Dieses Paradoxon wurde von einem Mathematiker namens Riemann erforscht, der in der Tat zeigen konnte, dass bei unendlichen Summen das Kommutativgesetz eben nicht mehr gilt. Die Unendlichkeit verhält sich halt anders als man denkt.

Zugegeben, damit anzugeben ist nicht so einfach, da braucht es schon eine spezielle Sorte von Zuhörern. Einfacher wird es mit folgendem Paradoxon:

Achilles und die Schildkröte

Der griechische Philosoph Zenon von Elea lebte im 5. Jahrhundert vor Christus. Wahrscheinlich war er ein Angeber, denn er dachte sich Geschichten aus, die so paradox waren, dass sein Zuhörer sie als unsinnig abtaten, aber genau genommen gar nicht sagen konnten, was daran falsch sein sollte. Das berühmteste Paradoxon ist die Geschichte von Achilles und der Schildkröte. Achilles war ein sehr schneller Läufer zu dieser Zeit. Es ist nicht überliefert, wie schnell er die 100 Meter laufen konnte. Eher nicht unter 10 Sekunden, aber sehr schnell. Die Schildkröte hingegen ist nicht bekannt für sehr hohe Geschwindigkeiten. Dafür wird sie sehr alt, aber das gehört hier nicht hin. Jedenfalls dachte sich Zenon eine Geschichte aus, die wie folgt ging:

Die beiden, also Achilles und die Schildkröte, verabredeten sich zu einem Wettlauf. Da die Kräfte hier sehr unterschiedlich verteilt waren, gewähret Achilles der Schildkröte einen Vorsprung. Zenon behauptete nun, Achilles könne die Schildkröte nie einholen, denn wann immer er einen Punkt erreicht hat, an dem die Schildkröte gerade noch war, ist die ja schon ein kleines Stück weitergelaufen. Und wenn er dann dort ist, ist sie wieder ein noch kleineres Stück weiter. Und das geht dann unendlich lange so weiter.

Warum ist das paradox? Na ja, wir alle wissen, dass er die Schildkröte doch einholt. Ist doch klar. Wenn wir auf der Autobahn fahren, holen wir den Schleicher schräg vor uns doch sofort ein. Wir überholen ihn sogar. Die Realität lehrt uns was anderes, also wo liegt der Fehler in Zenons Paradoxon?

Tatsächlich ist das eigentlich Faszinierende an diesem Paradoxon, dass sich Wissenschaftler sehr lange schwergetan haben, es aufzulösen. Viele begannen zu zweifeln, dass sich eine gegebene Strecke unendlich oft unterteilen lässt, und das ist ja die Grundannahme hinter diesem Paradoxon. Sie dachten, es gäbe eine kleinste Strecke, die sich nicht mehr teilen ließe. Das ist aber nicht so.

Die eigentliche Lösung lässt sich weiter oben in diesem Kapitel sehen:

$$1 + \frac{1}{2} + \frac{1}{4} + \frac{1}{8} + \frac{1}{16} + \ldots = 2$$

Eine unendliche Summe kann durchaus ein endliches Resultat haben. Dieses Beispiel hier zeigt ziemlich genau die Summe aus diesem Paradoxon. Wenn Achilles also der Schildkröte einen Meter Vorsprung lässt und doppelt so schnell läuft (dann würde er die 100 Meter nie unter 10 Sekunden laufen, aber das spielt hier keine Rolle), dann hat er die Schildkröte nach 2 Metern eingeholt. Das funktioniert übrigens mir jedem Vorsprung und jeder Geschwindigkeit, solange Achilles schneller ist als die Schildkröte. Davon können wir ausgehen.

Das unendlich große Hotel

Der Mathematiker David Hilbert hat die Unendlichkeit mit folgendem Hotel Beispiel beschrieben. „Nehmen wir an, ein Hotel hätte unendlich viele Zimmer. Alle sind belegt. Nun kommt ein weiterer Gast an. Der Hotelier bittet alle Hotelgäste, ein Zimmer aufzurücken, also der Gast aus Zimmer 1 nach Zimmer 2, der von Zimmer 2 nach Zimmer 3 usw. Zimmer 1 wäre nach der Aktion für den neuen Gast frei. Dann kommt ein Bus mit unendlich vielen weiteren Gästen. Kein Problem, sagt der Hotelier und bittet alle Gäste in das Zimmer mit der doppelten Raumnummer des bisherigen zu ziehen, also der Gast aus Zimmer 1 in Zimmer 2, der aus Zimmer 2 in Zimmer 4, der aus Zimmer 3 in Zimmer 6 usw. Nun sind alle Zimmer mit einer ungeraden Raumnummer frei geworden, genug für unendlich viele Gäste."

Schauen wir uns die Unendlichkeit noch ein bisschen genauer an.

Einige Unendlichkeiten sind größer als andere

Eine interessante Frage speziell aus der Mengenlehre beschäftigt sich mit unendlichen Mengen unterschiedlicher Größe. Gibt es zum Beispiel mehr reelle als rationale Zahlen? Wir haben in Kapitel 1 schon den Begriff Aleph Null kennengelernt. Das sind Mengen mit unendlich vielen Elementen, die aber abzählbar sind. Das heißt, man kann jedem dieser Elemente eindeutig eine natürliche Zahl zuordnen, man kann sie also „zählen". Die natürlichen Zahlen, die Primzahlen oder die rationalen Zahlen sind Beispiele. Diese Mengen sind alle gleich mächtig (das ist der mathematische Begriff dafür, weil gleich groß bei unendlichen Mengen seltsam wäre).

Nehmen wir als Beispiel alle geraden Zahlen. Die kann ich in eine Reihenfolge bringen und damit jeder dieser Zahlen eine natürliche Zahl zuordnen.

2	4	6	8	10	12	...
1	2	3	4	5	6	...

Die 2 ist also die erste gerade Zahl, die 10 wäre die fünfte usw. Obwohl es nur halb so viele gerade wie natürliche Zahlen gibt, sind die beiden Mengen trotzdem gleich groß (eigentlich gleich mächtig). Die ganzen Zahlen lassen sich ebenfalls abzählen. Obwohl es davon anscheinend doppelt so viele gibt, ist diese Menge genauso mächtig wie die der natürlichen Zahlen.

0	1	-1	2	-2	3	-3	4	...
1	2	3	4	5	6	7	8	...

Interessanterweise sind auch die rationalen und die natürlichen Zahlen gleich mächtig, obwohl es zwischen zwei natürlichen Zahlen unendlich viele rationale Zahlen gibt. Man kann tatsächlich alle rationalen Zahlen in eine Reihenfolge bringen, sodass jeder eine natürliche Zahl zugeordnet werden kann, obwohl zwischen jeweils zwei aufeinanderfolgenden rationalen Zahlen wieder unendlich viele liegen. Der Mathematiker Georg Cantor hat das bewiesen, im Anhang finden Sie eine Möglichkeit, die rationalen Zahlen in eine solche Reihenfolge zu bringen. Cantor wurde übrigens Ende des 19. Jahrhunderts von vielen damaligen Mathematikern und der Kirche wegen seiner Arbeiten und Erkenntnissen zur Unendlichkeit derart angefeindet, dass er sich für viele Jahre aus der Mathematik zurückzog. Mobbing und Hassbotschaften gibt es also schon lange, auch ohne Social Media.

Nun, da Aleph Null definiert ist, gibt es auch ein Aleph Eins? Zumindest gibt es mächtigere Mengen wie die der reellen Zahlen, die man Aleph eins nennen könnte. Diese Menge ist genauso groß wie die Menge der reellen Zahlen zwischen Null und Eins, obwohl es doch weitere Zahlen außerhalb dieses Intervalls gibt. Daher vermeiden Mathematiker das Wort größer und reden lieber von mächtiger.

Man könnte sich also darauf einigen, dass die Menge der reellen Zahlen Aleph eins ist, wenn man denn wüsste, dass es zwischen den abzählbaren Aleph null Mengen und der Menge der reellen Zahlen keine Zwischenstufe mehr gäbe, also eine Menge, die mächtiger als die natürlichen Zahlen aber weniger mächtig als die reellen Zahlen ist. Man hat noch keine gefunden und man hat auch keinen Beweis, dass es eine solche Menge gibt bzw. nicht geben kann. Man hat sogar bewiesen, dass es zumindest innerhalb der heutigen Mengenlehre keinen Beweis geben kann und das ist dann schon ein bisschen ernüchternd.

Also wird die Vermutung, dass die Menge der reellen Zahlen Aleph eins ist, immer eine unbewiesene Vermutung bleiben.

Gibt es noch mächtigere Mengen als Aleph Eins? Die Antwort lautet ja, unendlich viele. Man kann aus jeder Menge die Menge all ihrer Teilmengen konstruieren und beweisen, dass die dann mächtiger ist als die ursprüngliche Menge.

Die Endlichkeit des Weltalls

Das Zitat von Einstein am Anfang dieses Kapitels endete mit seinem Zweifel, dass das Weltall wirklich unendlich ist. Heute wissen wir: Die Anzahl der Atome im Weltall beträgt 10^{80}. Grob geschätzt. Das ist sehr viel, aber immer noch weniger als ein Googol. Vor allem aber ist es weniger als unendlich. Viel weniger. Unendlich viel weniger.

Damit ist das Weltall endlich. Zumindest unseres, wenn es denn noch andere gibt. Interessant ist, dass sich lange Zeit die Wissenschaftler mit der Frage beschäftigt haben, warum es nachts dunkel wird, wo doch das Weltall angeblich unendlich groß ist. Denn eigentlich müsste dann an jedem Punkt des Firmaments ein Lichtlein erstrahlen und es müsste auch in der Nacht hell sein. Schließlich müssten die Sterne ja gleich verteilt sein. Also, wenn jemand sie fragt, warum es nachts dunkel ist, oder Sie die Frage vielleicht selbst stellen wollen: Die Antwort heißt: Das Weltall ist eben nicht unendlich groß. Es hat nur 10^{80} Atome. Es ist auch nicht unendlich alt und Sterne existieren nur für eine endliche Zeit.

Ob Einstein mit dem zweiten Teil seiner Behauptung, nämlich der Unendlichkeit der menschlichen Dummheit recht hatte, ist noch nicht bewiesen, aber sehr wahrscheinlich.

Es gibt ein Lied von den Toten Hosen, darin heißt es „An Tagen wie diesen wünscht man sich Unendlichkeit". Man muss aufpassen, was man sich wünscht, es könnte in Erfüllung gehen.

4 - Formeln und Gleichungen

Eigentlich hatte ich nicht vor, etwas über Gleichungen oder Formeln zu schreiben. Angeblich reduziert jede Gleichung in einem Buch die Zahl der potenziellen Leser um die Hälfte. Andererseits ist dies ein Buch über Mathematik und wie man damit angeben kann. Mathematik ohne Gleichungen ist wie Musik ohne Instrumente. Fade und langweilig und ganz sicher nicht geeignet, um anzugeben.

In den ersten Kapiteln dieses Buch kam ich schon nicht ohne aus und es werden noch mehr. Aber keine Angst, die können auch Spaß machen, mindestens aber beeindrucken. Fangen wir einfach an.

Erinnern wir uns an die Schule. Eine Gleichung ist wie eine (analoge) Waage mit zwei Schalen. In beiden Schalen können unterschiedliche Dinge sein, wie Äpfel in der einen Schale und Gewichte in der anderen. Hauptsache, die Waage ist im Gleichgewicht. Man darf die Gleichung auch verändern, muss man sogar meistens, aber nur so, dass sie nach der Veränderung wieder im Gleichgewicht ist. Hat man also eine Gleichung wie 5+3=8, so ist die im Gleichgewicht. Man kann auf beiden Seiten etwas dazu tun, wie z.B. 5+3+4=8+2+2, solange das Gleichgewicht wieder hergestellt ist, ist alles in Ordnung. Man kann abziehen, multiplizieren, dividieren (außer durch Null), quadrieren, Wurzeln ziehen (Vorsicht mit den Vorzeichen), alles, was die Waage im Gleichgewicht hält, ist erlaubt.

Das Gleichheitszeichen

Das Gleichheitszeichen = trennt diese beiden Schalen. Dieses Zeichen gibt es noch gar nicht so lange, es wurde von Robert Recorde im Jahr 1557 eingeführt. Davor hat man Gleichungen in zum Teil blumigem Prosa beschrieben. Diese beiden parallelen Striche symbolisierten Gleichheit, denn „keine zwei Dinge können gleicher sein", so Recorde.

Buchstaben

Die Probleme mit Gleichungen fangen erst an, wenn Buchstaben auftauchen. Diese Buchstaben werden *Variable* genannt und erlauben es, Gleichungen für allgemeine Aussagen zu nutzen. Buchstaben kommen heutzutage meistens aus dem lateinischen oder griechischen Alphabet. Im Prinzip kann jeder, der eine Gleichung aufstellt, die Buchstaben frei wählen. Es gibt allerdings Konventionen, an die man sich halten sollte, sonst bekommen Mathematiker Kopfschmerzen. x ist z.b. meistens eine reelle Zahl und repräsentiert die waagrechte Achse des Koordinatensystems, während y die senkrechte Achse und Funktionswerte repräsentiert. Natürlich kann man das ändern und die x-Achse k und die y-Achse q nennen, aber machen Sie das nicht, Sie ernten Unverständnis. Griechische Buchstaben sind sehr oft Winkel, das griechische Epsilon ε ist typischerweise sehr klein, positiv und geht gegen Null. Das Schlimmste, was Sie einem Mathematiker zumuten können, ist ein Epsilon, das groß wird. Die Buchstaben i und e sind sowieso schon vergeben, sowie π. Trotzdem findet man i auch als Variable z.B. in Summen und Grenzwertbetrachtungen.

Wir erinnern uns sicher an viele Kämpfe während der Schulzeit mit Gleichungen wie:

- $a^2+b^2=c^2$ (Satz des Pythagoras)
- $ax^2+bx+c = 0$ (Nullstellen von Parabeln)
- $(a+b)^2 = a^2+2ab+b^2$ (Binomische Formel)
- $f(x) = mx+c$ (Lineare Funktion)
- $A = \pi r^2$ (Fläche eines Kreises)

Man sieht schon, dass Formeln auch Gleichungen sind. Beide beschreiben Beziehungen von verschiedenen Sachverhalten. Formeln dienen eher einem bestimmten Zweck, wie z.B. Umformung von Termen (Binomische Formeln) oder Berechnung von Flächen. Manche Gleichungen lassen sich mit bestimmten

Formeln lösen, wie z.B. die Mitternachtsformel zur Lösung quadratischer Gleichungen.

So weit eine Erinnerung an das Schulwissen, noch nichts, mit dem wir angeben könnten.

Lösen von Gleichungen – Numerische Mathematik

Nun wollen Mathematiker Gleichungen nicht nur aufstellen, sondern auch lösen. Das heißt, man findet alle Zahlen, die man für die Variablem in der Gleichung einsetzen kann, sodass die Waage im Gleichgewicht bleibt. Für manche Arten von Gleichungen gibt es Formeln oder mathematische Verfahren, mit denen man Lösungen exakt ausrechnen kann. Ein bekanntes Beispiel aus der Schule ist die oben erwähnt Mitternachtsformel zur Lösung quadratischer Gleichungen.

Nun lassen sich aber viele Gleichungen eben nicht mir solchen Formeln oder Verfahren lösen. Man hats lange Jahre versucht und nicht geschafft oder sogar bewiesen, dass es nicht geht.

Für solche Probleme haben sich in der Mathematik *Numerische Verfahren* etabliert. Mit diesen Verfahren rechnet man die Lösung ungefähr aus, indem man sich ihr annähert. Im Kapitel über die Zahl π habe ich schon ein solches Verfahren beschrieben, mit dem man diese Zahl über Vielecke ungefähr berechnet. Man nennt diese Verfahren auch *Approximationsverfahren*.

Früher hat man diese Verfahren mit Stift und Papier / Papyrus in mühevoller, oft jahrelanger Handarbeit angewendet (und sich wahrscheinlich oft verrechnet). Heute machen das Computer, die sind schneller und genauer. Damit hat man die Zahl π zwar auch nicht ausgerechnet (das wird man bei unendlich vielen Stellen auch nie schaffen), aber immerhin die ersten 60 Billionen Stellen.

Wichtig bei solchen Verfahren ist, dass man zu dem Ergebnis, das ja nur annähernd stimmt, auch den *Fehler* kennt, also wie sehr dieses ungefähre Resultat von dem wirklichen Resultat abweicht. Wenn ich also eine Raumsonde in einem bestimmten Gebiet auf dem Mars landen will, dann muss ich wissen, welcher Fehler noch akzeptabel ist. 1 Meter? 100 Meter? 10 Kilometer? Wenn ich dann garantieren kann, dass meine Näherungslösung innerhalb eines akzeptablen Rahmens liegt, kann ich die Sonde guten Gewissens fliegen lassen.

Weitere Beispiele:

- Meteorologen nutzen Approximationsverfahren, um basierend auf Messdaten wie Luftdruck, Temperatur usw. Wettervorhersagen zu erstellen, die mittlerweile eine erstaunliche Genauigkeit zumindest für ein paar Tage haben. Erstaunlich ist das deshalb, weil Wetter sich äußerst chaotisch verhält und wenige Änderungen an einzelnen Parametern intensive Auswirkungen haben können. Auch generelle Klimamodelle werden auf ähnliche Weise als Computer Simulation erstellt.

- Automobilhersteller nutzen solche Verfahren, um die Verformung von Körpern unter Krafteinwirkung zu simulieren (einfach gesagt, um virtuelle Crash Tests per Computer Simulation durchzuführen) oder um die Temperaturverteilung auf Bremsscheiben in verschiedenen Szenarien zu simulieren. Sie nutzen solche Verfahren auch, um virtuelle Windkanäle zu erstellen, sodass man nicht den Prototyp eines neuen Fahrzeuges in einen Windkanal mit gefärbten Wind stellen muss. Somit kann man schnell und günstig Änderungen am Fahrzeug am Computer vornehmen, ohne einen neuen Prototypen bauen zu müssen.

- Banken simulieren, wie sich Investitionen, Aktien, Anleihen usw. verhalten, wenn sich gewisse Risikoparameter ändern. Das können globale Konflikte, Naturkatastrophen oder Börsenrisiken sein. Die Verfahren dazu nennen sich Monte-Carlo-Simulationen.

- In der KI, Kryptografie und Quantum Computing gibt es Optimierungsverfahren, die die Lösung von sehr großen Gleichungssystemen erfordern.
- In der Medizin werden aus MRT und CT Scans Bilder rekonstruiert.

Seit es leistungsstarke Computer gibt, hat die Numerische Mathematik einen extremen Boom erlebt und der ist noch lange nicht zu Ende. In allen Fällen, in denen es keine exakte Lösung gibt oder das Finden einer solchen Lösung wenig praktikabel ist, werden solche Verfahren angewendet. Man darf allerdings nicht die Mathematik dahinter unterschätzen, die ist z.T. wirklich kompliziert.

Licht kann man wiegen – Einsteins berühmte Gleichung

Schauen wir uns eine der bekanntesten Gleichungen der Welt an, die so ziemlich jeder mal gesehen hat und zu der viele eine Meinung haben, wenn auch nicht immer die richtige:

$$E = mc^2$$

E ist Energie, m ist Masse, c ist Lichtgeschwindigkeit. Klar, werden viele sagen, das ist Einsteins Allgemeine Relativitätstheorie und war der Auslöser für den Bau von Atombomben. Hier können Sie glänzen und „falsch" rufen. Sortieren wir das Ganze:

Einstein stimmt, er hats erfunden. 1905, um genau zu sein, als Nachtrag zur Speziellen Relativitätstheorie. Die Allgemeine Relativitätstheorie kam später, nämlich 1916 und hat die Gravitation mit berücksichtigt. Der Bau einer Atombombe war nicht die Intention, obwohl Einstein 1939 einen Brief an den damaligen Präsidenten der USA unterschrieb, in dem ein Forschungsprojekt zum Bau dieser Bombe empfohlen wurde. Er hatte Angst, dass die Nazis bereits an solch einer Bombe bauten, hat damals aber nicht geglaubt, dass er so eine Bombe noch erleben würde. Er lag falsch.

1905 ging es in erster Linie darum, zu erklären, warum sich Licht in einem Vakuum (und das Weltall ist zum größten Teil ein solches Vakuum) fortbewegen kann. Man ging bis dahin davon aus, es müssen ein Medium geben, in dem sich Licht bewegen kann. Man dachte, es gäbe einen geheimnisvollen *Äther* im Weltall als ein solches Medium. Einstein wies nach, dass Energie und Masse eine Beziehung haben und dass sich Licht wie Masse verhält, zumindest manchmal und sich damit auch in einem Vakuum fortbewegen kann.

Man könnte Licht wiegen, wenn man für so etwas Waagen hätte und das Gewicht wäre tatsächlich größer als Null. Aber nicht viel größer. Wenn man die Gleichung nach der Masse auflöst, muss man durch das Quadrat der Lichtgeschwindigkeit teilen und man erhält etwas sehr Kleines. So empfindliche Waagen gibt es nicht und das Einfangen des Lichts, um es auf solch eine Waage zu legen, ist auch schwierig.

Einstein hat damit auch gezeigt, dass ein Ball, der in Bewegung ist, mehr Masse hat, als wenn er ruht. Wenn wir also einen Ball werfen oder kicken, wird er schwerer, wenn auch nur um eine Winzigkeit. Na, wenn Sie das nicht beim nächsten Fußballspiel anbringen können!

Was diese Gleichung auch aussagt, und das ist dann tatsächlich eine Erklärung für die vernichtende Wirkung von Atombomben, ist, dass relativ wenig Masse gleich sehr viel Energie ist. Die Masse wird schließlich mit dem Quadrat der Lichtgeschwindigkeit multipliziert und das ist sehr viel. Die Hiroshimabombe hatte gerade mal 64 kg Uran dabei und davon wurde weniger als 1 kg wirklich gespalten.

Die schönste Gleichung der Welt

Nun von der bekanntesten zur schönsten Gleichung. Nach Meinung der meisten Mathematiker ist es Eulers Identität:

$$e^{i\pi} + 1 = 0$$

Warum ist die so schön? Sie vereinigt einige der wichtigsten Zahlen in der Mathematik in einer einfachen und kurzen Gleichung, die nur mit Grundrechenarten und Potenzen auskommt.

- e ist die Euler'sche Zahl, die wir schon kennengelernt haben. Mit ihr wird exponentielles Wachstum beschrieben
- i ist die imaginäre Einheit, für die $i^2 = -1$ gilt. Sie eröffnet uns die Welt der komplexen Zahlen
- π ist die Kreiszahl aus der Trigonometrie
- 1 und 0 sind die neutralen Elemente der Multiplikation und Addition

Schönheit liegt immer im Auge des Betrachters und über Geschmack lässt sich nicht streiten. Es zeigt aber, dass Mathematiker keineswegs emotionsfreie Nerds sind (na ja, manche schon), sondern durchaus Sinn für Ästhetik haben. Dazu später noch mehr.

Jedenfalls gibt es neben der Schönheit dieser Gleichung auch praktische Anwendungen.

- Beschreibung elektrischer Signale und die Analyse von Wechselstromkreisen
- Beschreibung von Quantenzuständen in der Quantenmechanik
- Anwendung der Fourier-Transformation, mit der man Signale in ihre Frequenzkomponenten zerlegen kann.

Eine sehr nützliche Gleichung

Das Newton'sche Gravitationsgesetz zeigt die Stärke der Anziehungskraft F zwischen zwei Körpern in Abhängigkeit ihrer Massen (m1 und m2) und ihrer Distanz d zueinander. Sie hilft bei der Bestimmung von Planetenbahnen, Vorhersage von Sonnenfinsternissen und anderen astronomischen Berechnungen aber ist auch die Grundlage für Satellitentechniken für Fernsehen und GPS Geräte. Also gut, dass es sie gibt. Man braucht noch eine Konstante G (Gravitationskonstante):

$$F = G * \frac{m1 * m2}{d^2}$$

Man sieht, dass die Gravitation mit steigender Entfernung der beiden Objekte geringer wird und dass sie bei höherer Masse größer wird. Nicht wirklich überraschend, die Sonne ist viel größer (hat viel mehr Masse), deshalb rotiert die Erde ja um sie und nicht umgekehrt. Aber Newton hat das in einer eleganten Gleichung zusammengefasst, mit der man gut rechnen kann. Wenn ihr noch mehr Material braucht (Vorsicht, Nerd Verdacht!):

$$G \approx 6{,}67430 * 10^{-11} \ m^3 kg^{-1} s^{-2}$$

Die schwierigste Gleichung

Genau wie bei der schönsten Gleichung ist das natürlich Geschmackssache. Sehr oft liest man, dass die Navier-Stokes Gleichung eine der schwierigsten Gleichungen sein soll. Mit ihr beschreibt man Strömungen mit Wirbeln und Turbulenzen und hat damit eine Grundlage für Simulationen von Wetter oder Strömungsverhalten von Fahrzeugen in virtuellen Windkanälen. Der Bau moderner Fahrzeuge, Flugzeuge, Rennautos sowie medizinische Simulationen wie z.B. Blutfluss durch Venen und Arterien hängen heute stark von computerbasierten Simulationen ab, die auf dieser Gleichung basieren. Das Problem: Die Gleichung ist bisher nicht bewiesen. Trotzdem wird sie intensiv benutzt. Man stelle sich vor, irgendjemand beweist, dass die gar nicht stimmt. Unsere gesamte Welt würde ins Wanken geraten. Aber keine Sorge, Sie können sich trotzdem in ein Flugzeug setzen, das geht mit hoher Wahrscheinlichkeit gut. Warum ist diese Gleichung so schwierig, abgesehen davon, dass der Beweis noch fehlt? Überzeugen Sie sich selbst:

$$p(\frac{dv}{dt} + v^* \nabla v) = -\nabla p + \nabla T + f$$

Ich erspare mir und Ihnen hier die Details. Diese Gleichung gehört zu den sieben Millennium Problemen, die die Clay-Stiftung in den USA im Jahr 2000 definiert hat und für deren Lösung jeweils eine Million Dollar ausgeschrieben ist. Sie haben also die Chance, sehr reich zu werden. Aber Vorsicht, es ist nicht ganz einfach.

Die schlechte Nachricht: Eine davon ist inzwischen gelöst und der Mathematiker, dem das gelungen ist, hat das Preisgeld abgelehnt! So was gibt's auch.

5 – Exponentielles Wachstum

Kaum etwas in der Mathematik wird so häufig unterschätzt wie exponentielles Wachstum. Daher eignet es sich gut als Thema für dieses Buch. Solch ein Wachstum beschleunigt sich fortlaufend. Meistens fängt es harmlos an und nimmt dann Fahrt auf.

Hinter exponentiellem Wachstum stecken Funktionen, die die Variable x im Exponenten haben, also z.B. $f(x) = 7^x$. Die bekannteste dieser Funktionen ist aber die e-Funktion:

$$f(x) = e^x$$

wobei e die eulersche Zahl ist, die wir bereits kennengelernt haben, mit e ≈ 2,718281828459. Der Graph dieser Funktion sieht wie folgt aus:

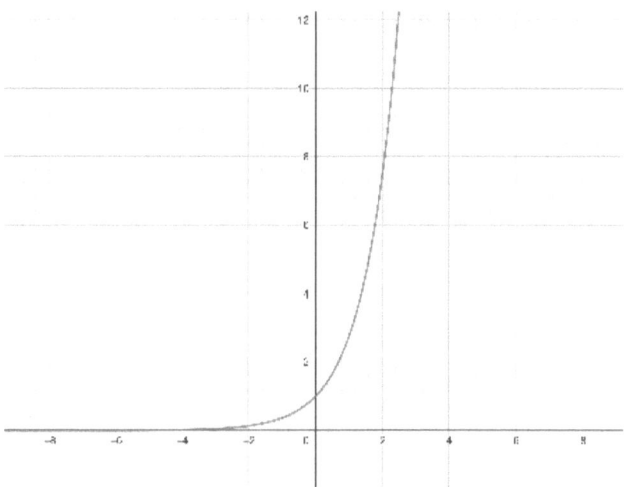

Wohin das führt, wenn wir x wachsen lassen, schauen wir uns am besten anhand einiger Beispiele an.

Die Geschichte mit dem Schachbrett

Zugegeben, diese Geschichte kennen die meisten mehr oder weniger gut und es gibt keine zuverlässige Quelle, die beweisen würde, dass es wirklich so passiert ist. Aber sie ist doch immer wieder beeindruckend. Der Brahmane Sissa ibn Dahir erfand im 3.-4. Jahrhundert das Schachspiel. Dieses Spiel begeisterte den damaligen indischen Herrscher so sehr, dass er dem Brahmanen jede Belohnung anbot, die er sich wünschte. Sissa erbat sich Reiskörner (es gibt Versionen der Geschichte, da sind es Weizenkörner, aber das macht hier nicht wirklich einen Unterschied), die auf einem Schachbrett angeordnet werden sollten. Das erste Feld sollte ein Reiskorn enthalten, das zweite zwei, das dritte vier und damit jedes weitere Feld die doppelte Anzahl des Vorgängerfeldes. Der Herrscher war über die Bescheidenheit des Wunsches erstaunt und gewährte ihn sofort. Hätte er besser mal nachgerechnet, bevor er zustimmte.

Schauen wir uns die Formel an: Die Anzahl der Reiskörner, die man braucht, beträgt 2^{64}-1. Die -1 kommt daher, dass er auf dem ersten Feld mit einem Reiskorn angefangen hat. Das können wir sicher vernachlässigen.

Die erste Reihe des Schachbrettes hat 8 Felder. Auf dem achten Feld müssen also 2^7 Reiskörner liegen. Das sind 128. Insgesamt liegen auf der ersten Reihe 2^8-1 Körner also 255. Das sind ungefähr 8,5 Gramm (Annahme: Ein Korn wiegt ca. 0,03 Gramm, anscheinend hängt das von der Reissorte ab). Auf dem letzten Feld der zweiten Reihe liegen 2^{15} = 32768 Körner. Das sind fast ein Kilo, davon wird eine Familie schon ordentlich satt.

Was passiert bei der Hälfte des Schachbrettes? Da liegen insgesamt 2^{32}-1 Körner. Das sind schon über 4 Milliarden. Da waren die Kornspeicher bereits fast leer, und die zweite Hälfte kam ja erst noch.

Insgesamt hätte man wie erwähnt 2^{64}-1 Körner gebraucht, also 18.446.744.073.709.551.615. Das sind 18 Trillionen, 446 Billiarden usw. Das sind 540 Milliarden Tonnen. Das wäre auch heute noch ein Problem. Laut Wikipedia betrug die weltweit geerntete Reismenge im Jahr 2006 618,4 Millionen Tonnen. Man bräuchte davon fast 900 Jahresernten.

Dazu kämen noch einige logistische Probleme: Wie zählt man so viele Reiskörner und wie überprüft man, dass sich keiner verzählt hat. Wenn man 1 Korn pro Sekunde zählt, dann bräuchte man 585 Milliarden Personenjahre. Zum Glück kam es dann gar nicht so weit.

Es gibt verschiedene Versionen, wie die Geschichte ausging. In einer Version wurde der Brahmane getötet, weil er den Herrscher blamiert hatte, in einer anderen Version wurde er zu dessen Berater ernannt. Die schönste Version, die ich gelesen habe, ist die, dass der Herrscher den Brahmanen aufgefordert hat, die Reiskörner selber zu zählen. Und wenn er nicht gestorben ist, dann zählt er noch heute…

Schöner Traum: Bei 8 Milliarden Menschen und einer Standardpackung Reis von 1 kg bekäme jeder Mensch 67.500 Packungen Reis und das Hungerproblem wäre gelöst.

Kann man ein Papier 50-mal falten?

Nehmen wir an, wir könnten das Papier beliebig groß wählen und es wäre 0,1mm dick, also gewöhnliches Büropapier. Faltet man es einmal, so ist es 0,2mm dick. Beim zweiten mal 0,4mm. Fällt Ihnen was auf? Richtig: Bei jedem Schritt wird das Papier doppelt so dick wie im vorherigen Schritt. Also allgemein: $0,1*2^n$ nach der n-ten Faltung, also $0,1*2^{50}$ nach der fünfzigsten Faltung. Dann wäre es 112 Millionen km dick. Das würde dann fast bis zur Sonne reichen und da wäre es dann für Papier viel zu heiß. Bei 100 Faltungen würden wir das Ende des sichtbaren Universums erreichen.

Der Rekord von Faltungen liegt übrigens bei 12 und das unter Laborbedingungen. Dann ist es nicht mal 1 Meter dick.

Das Corona Virus

Warum hat sich das Coronavirus so schnell ausgebreitet? Untersuchungen haben gezeigt, dass eine Person im Schnitt ca. 2-3 weitere Personen angesteckt hat. Diese Zahl ist die Basisreproduktionszahl R_0. Dafür braucht diese Person im Schnitt 6 Tage, was dann einer Generation des Virus entspricht. Die allgemeine Wachstumsformel lautet:

$$I(t) = N_0 * R_0^t$$

Dabei ist I(t) die Zahl der Neuinfektionen in der Generation t. Wir dürfen hier nicht die Zahl aller Infizierter nehmen, weil jeder durchschnittlich 2-3 Leute angesteckt hat, das aber nur einmalig und nicht kontinuierlich. Es gab hier keinen Zinseszins Effekt. Die Anzahl aller Infizierter einschließlich derer, die wieder gesund geworden sind, ist dann

$$N(t) = N_0 * R_0^{t-1} + N_0 * R_0^t$$

N_0 der Anfangsbestand und R_0 die Basisreproduktionszahl. Wie starten bei Patient 1, also $N_0 = 1$ und rechnen mit $R_0 = 2,4$ (Erfahrungswert aus China). t ist die Generation des Virus, in unserem Fall ein Zeitraum von 6 Tagen.

$$N(t) = 2,4^{t-1} + 2,4^t$$

Wir nehmen hier mal an, das Wachstum wäre nicht limitiert, also keine Kontaktsperre, Impfung, Immunisierung oder ähnliches.

Nach drei Wochen wären dann ca. 50 Personen erkrankt, was sich noch nicht dramatisch anhört. Nach zwei Monaten lägen wir bei knapp 11.000 Infizierten, nach 3 Monaten über 865.000. Einen Monat später hätte die Zahl der Infizierten dann ungefähr die Bevölkerung von Deutschland erreicht.

Das ist natürlich so nicht passiert, denn zwei Faktoren bremsen dieses exponentielle Wachstum aus.

1. Es gibt nur endlich viele Menschen (in Deutschland sind das ca. 80 Millionen) und je näher wir uns mit der Anzahl der Infektionen dieser Zahl von Menschen nähern, desto stärker wird das Wachstum ausgebremst.
2. Die Basisreproduktionszahl R_0 nimmt ab, wenn die Wahrscheinlichkeit auf eine bereits infizierte (oder immunisierte) Person zu treffen größer wird. Diese Wahrscheinlichkeit ist ungefähr

$$\frac{\text{Anzahl Infizierter}}{\text{Gesamtzahl der Bevölkerung}}$$

In der Praxis sah man eine deutliche Abschwächung des exponentiellen Wachstums bei ungefähr 10 Millionen Infizierter nach etwas über 100 Tagen.

In Deutschland begannen die Infektionen im Januar 2020. Ende März wurden die Intensivbetten knapp (da lagen ja auch Patienten mit anderen Krankheiten). Das sollte nach den Zahlen oben keinen mehr überraschen.

Schauen wir uns den Virus selbst an. Hier nutzen wir die Formel für kontinuierliche exponentielle Vermehrung, da sich Viren nicht in festen diskreten Zeitabschnitten vermehren:

$$N(t) = N_0 * e^{rt}$$

$N(t)$ ist der Bestand zum Zeitpunkt (Generation) t, N_0 der Anfangsbestand, r die Wachstumsrate. Ein realistischer Wert für r ist 0,2-0,5 pro Stunde. Fangen wir uns bei einer Infektion, sagen wir 500 Viren ein, so sind das nach einem Tag bereits über 1 Million. Man geht von einem Höchststand von 10^{10}-10^{12} aus, bevor das Immunsystem seinen Job macht. Man nimmt also alleine durch den Virus an Gewicht zu. Einer davon wiegt ca. 10^{-15} Gramm, wir reden also von einer Gewichtszunahme von 0,0001 Gramm. Das ist zu verschmerzen.

Jedes exponentielle Wachstum in dieser Welt stößt an seine Grenzen und noch davor reduziert sich das Wachstum. Bei Viren wird dieses Wachstum ausgebremst, wenn sie nicht mehr genügend Wirte finden, die noch nicht immunisiert sind. (Bei immunisierten Wirten werden sie so schnell nieder gemacht, dass sie sich nicht in genügend großer Zahl vermehren können). Gebremst wurde das Wachstum hauptsächlich durch folgende Faktoren:

- Social Distancing, d.h. ein Infizierter, auch wenn er noch keine Symptome hat, trifft nur noch sehr wenige potenzielle Wirte. Das reduzierte die Wachstumsrate zum Glück sehr früh
- Wachsende Immunisierung durch Impfungen oder überstandene Infektionen war ein weiterer Faktor, das Wachstum zu bremsen.
- Wenn die oberen Mechanismen nicht gezogen hätten, wären genügend Leute gestorben. Das ist ein typisches Problem eines sehr aggressiven Virus mit hoher Sterblichkeitsrate wie dem Ebola Virus. Aus Sicht des Virus ist es eine schlechte Strategie, seinen Wirt zu schnell umzubringen. Hört sich makaber an, aber gehört zum Wesen von Viren.

So oder so wäre das Wachstum nach einer Weile zum Stillstand gekommen. Hätten wir keine Maßnahmen getroffen, wäre dieser Stillstand aber zu einem hohen Preis erkauft worden. Wenn das Wachstum zum Stillstand kommt, heißt das aber noch lange nicht, dass das Virus verschwindet. Das gibts immer noch.

Ähnliches geschieht bei bakteriellen Infektionen. Man kann davon ausgehen, dass sich Bakterien etwa alle 20 Minuten verdoppeln. Wendet man die Formel $N(t) = N_0 * 2^{3t}$ an - mit t in Stunden - und startet mit einem Bakterium, so hat man nach 10 Stunden über eine Milliarde. Das können Sie gerne jemandem erklären, der sich eine solche bakterielle Infektion eingefangen hat. Das hilft bestimmt.

Moores Law

Gordon Moore sagte 1965 voraus, dass sich die Anzahl der Transistoren in integrierten Schaltkreisen von Computerchips jedes Jahr verdoppelt. Später korrigierte er diese Aussage auf eine Verdopplung alle 18-24 Monate. Er sagte also voraus, dass sich die Kapazität von Computerchips exponentiell steigert. Nach den Beispielen oben wissen wir ja jetzt, was das heißt:

$$N(t) = N_0 * e^{\lambda t}$$

Wir können jetzt für t die Einheit 12 Monate, 18 oder 24 annehmen. Egal, wir reden von exponentiellem Wachstum und wir haben ja gesehen, was auf dem Schachbrett passierte. Diese Vorhersage ist jetzt 60 Jahre alt und sie traf bisher immer zu (genau genommen traf sie für eine Verdoppelung von ca. 20 Monaten im Schnitt zu), auch wenn sich die Verdopplungsrate seit 2015 spürbar verlangsamt hat (auf ca. 30 Monate) und die Taktrate eines Prozessors nicht mehr das entscheidende Merkmal ist. Man kam so langsam an physikalische Grenzen, die die Entwicklung von Chips enorm teuer machten. Inzwischen gibt es andere Methoden, die Leistung von Computerchips zu steigern, sodass die Anzahl der Transistoren an Bedeutung verliert.

Moore lieferte keine echte wissenschaftliche Begründung für seine Vorhersage und er konnte zum damaligen Zeitpunkt sicher nicht alle technischen Entwicklungen vorhersagen. Man vermutet, er nannte hier eine Faustregel, die eher als Motivation für die Entwickler gedacht war und weniger eine wissenschaftlich fundierte Analyse darstellen sollte. So wurde aus dieser Vorhersage eine selbsterfüllende Prophezeiung, da die Computerindustrie diese

Verdoppelung alle 18 Monate als Zielvorgabe interpretierte, die es zu erfüllen galt.

Was bedeutet das konkret: Anfang der 70er-Jahre hatten die leistungsfähigsten Chips ca. 2.300 Transistoren in ihren Schaltkreisen. 40 Jahre später waren wir bei 2,6 Milliarden. In der Wachstumsformel kann man mit $\lambda = 0{,}35$ pro Jahr rechnen.

Moderne Smartphones und sogar Smartwatches haben heute mehrere Milliarden Transistoren in ihren Schaltkreisen. Wenn Mr. Moore das damals geahnt hätte…

Das Gesetz sagt übrigens nichts über die eigentliche Rechenleistung aus, da mit steigender Anzahl von Transistoren auch immer mehr davon für andere Aufgaben wie integrierte Caches genutzt werden.

Die leistungsstärksten Chips der Firma Nvidia haben 420 Milliarden Transistoren (Stand 2024). Künstliche Intelligenz und deren Bedarf an extrem hohen Rechenleistungen haben der Chip Industrie einen neuen Boom beschert.

Gordon Moore gründete vier Jahre nach seiner Vorhersage den Chip Hersteller Intel und jagte damit seine eigene Vorhersage.

Radioaktiver Zerfall

Zerfallsprozesse folgen im Prinzip der gleichen Formel wie Wachstumsprozesse, aber mit negativem Exponenten:

$$N(t) = N_0 * e^{-\lambda t}$$

$N(t)$ ist die Anzahl der Atomkerne, die noch nicht zerfallen sind. Zur Illustration hier die Kurve für $f(x) = e^{-x}$:

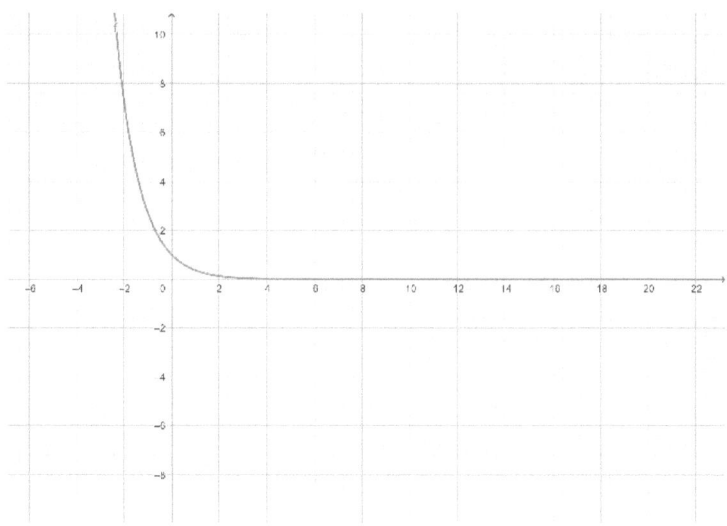

Ein Begriff, der in diesem Zusammenhang immer wieder auftritt, ist *Halbwertzeit*. Das ist die Zeit, die vergeht, bis nur noch die Hälfte der Atome noch nicht zerfallen sind. Hierzu ist die Formel:

$$\frac{\ln(2)}{\lambda}$$

λ ist hierbei die stoffspezifische Zerfallskonstante, also die Geschwindigkeit, mit der ein Stoff zerfällt. Uran 235 hat eine jährliche Zerfallskonstante von $9{,}72 \times 10^{-10}$ und damit eine Halbwertzeit von über 700 Millionen Jahren.

Alte Knochen

Die Zerfallsformel ist auch sehr hilfreich bei der Altersbestimmung von Knochen oder anderen organischen Substanzen. Dazu nutzt man aus, dass das Isotop C14 sehr langsam zerfällt.

Der Hintergrund ist folgender: Tiere und Pflanzen nehmen Kohlenstoff auf, Pflanzen über Fotosynthese, Tiere über die

Nahrung. Dieser Kohlenstoff besteht aus stabilen C12 und radioaktiven C14 Isotopen. Keine Angst, letztere sind eher wenige, wir werden also nicht verstrahlt. Zur Lebenszeit des Organismus ist das Verhältnis der Isotopenarten ziemlich konstant. Stirbt er, dann zerfällt das radioaktive C14 Isotop während C12 erhalten bleibt. C14 zerfällt sehr langsam, seine Halbwertzeit beträgt 5730 Jahre. Misst man also das Verhältnis der C12 und C14 Isotopen, so kann man das Alter des Fundes bestimmen. Die Formel dazu kennen wir bereits vom Zerfall von Uran:

$$N(t) = N_0 * e^{-\lambda t}$$

Dabei ist

- $N(t)$ die Anzahl der verbleibenden C14 Atome zur Zeit t. Die kann man messen, das t wird gesucht. Wir wollen ja wissen, wie alt die Knochen sind, die wir gefunden haben.
- N_0 ist der Anfangswert zum Zeitpunkt des Todes. Da das Verhältnis von C12 zu C14 den damaligen atmosphärischen Verhältnissen entspricht, hat man dazu gut dokumentierte Tabellen.
- λ ist die Zerfallskonstante des Isotops. Wie im vorigen Beispiel ist die Halbwertszeit $\ln(2)/\lambda$ und die ist 5730 Jahre. λ ist also 0,000120968.

Nun kann man die obige Formel nach t auflösen:

$$t = - \ln\left(\frac{N(t)}{N_0}\right)/\lambda$$

Wenn z.B. noch 25% des ursprünglichen Isotops vorhanden sind, dann ist das Alter unsers Fundes 11.460 Jahre.

Diese Methode nennt sich auch Radiocarbonmethode. Sie funktioniert ganz gut bis zu einem Alter von etwa 50.000 Jahren. Bei noch älteren Funden ist C14 zu stark zerfallen. Dann greift man auf andere Verhältnisse von radioaktiven Stoffen wie Uran oder Thorium zurück. Die Mathematik dahinter ändert sich aber nicht.

Was lernen wir daraus?

Exponentielles Wachstum fängt meist langsam an und beschleunigt dann sehr stark. So stark, dass man bei Schätzungen regelmäßig daneben liegt. Einige Beispiele, die oben beschrieben sind, eignen sich daher sehr gut, um andere zu verblüffen und aufs Glatteis zu führen und das ist ja der Sinn dieses Buches.

Das „Gegenteil" von Wachstum ist der Zerfall. Der geht wiederum verblüffend langsam, wie man an den Halbwertzeiten von Uran oder C14 sieht.

Exponentielles Wachstum (und auch Zerfall) kommt in der Natur sehr häufig vor, man denke nur an die Vermehrung von Viren oder Kaninchen. Zum Glück geht dieses Wachstum nie unendlich weiter, schließlich gibt es nicht genug Nahrung für beliebig viele Kaninchen und die Viren werden irgendwann vom Immunsystem nieder gemacht. Die Erde (und wie wir schon gesehen haben auch das Weltall) ist endlich und da kann nichts unendlich lange wachsen. Das Konzept der Unendlichkeit existiert also nur in der Theorie.

Der Computerwissenschaftler Ray Kurzweil schrieb im Jahr 2001 ein Buch, indem er das exponentielle Wachstum der Technik aus den vergangenen Jahren in die Zukunft projizierte. Er machte Vorhersagen über das Zunehmen der Qualität und der Quantität technischer Errungenschaften, einschließlich des Wissens und der Evolution selbst. Ähnlich zur zweiten Hälfte des Schachbrettes gerät nach seiner Einschätzung dieses Wachstum außer Kontrolle und die KI übernimmt vom Menschen. Aber das ist ja alles Theorie, oder?

6 – Die perfekte Welle

Wir erinnern uns an die Schulzeit. Genauer gesagt an rechtwinklige Dreiecke und die Winkelfunktionen in diesen Dreiecken. Ein rechter Winkel hat 90°, die anderen beiden sind kleiner. Gegenüber des rechten Winkels liegt die Hypotenuse, die anderen beiden Seiten heißen Katheten. Die beiden kleineren Winkel haben jeweils eine Ankathete (die am Winkel anliegt) und eine Gegenkathete.

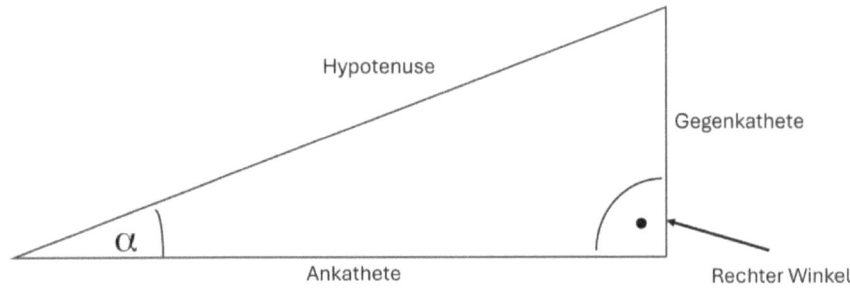

Die Winkelfunktionen beschreiben das Verhältnis von Seiten zu den Winkeln:

$$\sin(\alpha) = \frac{Gegenkathete}{Hypotenuse}$$

$$\cos(\alpha) = \frac{Ankathete}{Hypotenuse}$$

$$\tan(\alpha) = \frac{Gegenkathete}{Ankathete}$$

$$\cot(\alpha) = \frac{Ankathete}{Gegenkathete}$$

Gerne nutzt man auch den Einheitskreis (der hat den Radius 1) um diese Winkelfunktionen zu illustrieren. Der Vorteil ist, dass der Nenner der Definitionen von oben eins wird.

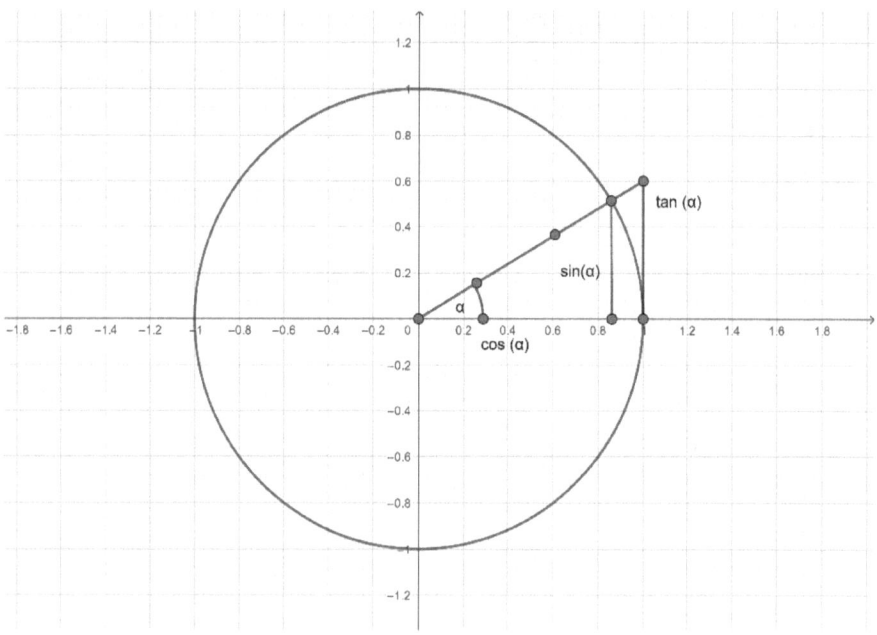

Den Kotangens habe ich mir hier gespart. Lässt man jetzt den Winkel α einmal um den Kreis herumlaufen, so beginnt der Sinus bei null (weil der Winkel α da null ist) und der Cosinus bei 1. Bei α=90° wird der Sinus eins und der Cosinus null. Zwischen 90° und 180° bewegt sich der Sinus dann wieder auf die Null zu, der Cosinus wird negativ und bei 180° schließlich -1. So geht das Ganze weiter und man kann sich natürlich Mehrfachumdrehungen vorstellen, bei denen sich das Ganze wiederholt. Neben dem Winkelmaß, das hier beschrieben wurde, kann man auch das Bogenmaß verwenden, dann entsprechen die Winkelfunktionen der zurückgelegten Strecke auf dem Kreisrand. Wir hatten bereits gesehen, dass der Umfang des Einheitskreises 2π ist, da der Radius 1 ist. Bei 90° haben wir also die Strecke $\pi/2$ zurückgelegt, bei 180° ist es dann π.

Stellen wir uns jetzt vor, wir rollen den Kreisrand auf einer Ebene aus, sodass er zur x-Achse in einem Koordinatensystem wird. Dann erhält man die perfekte Welle, hier nur für den Sinus dargestellt. Der Cosinus ist einfach um $\pi/2$ nach rechts (oder links) verschoben.

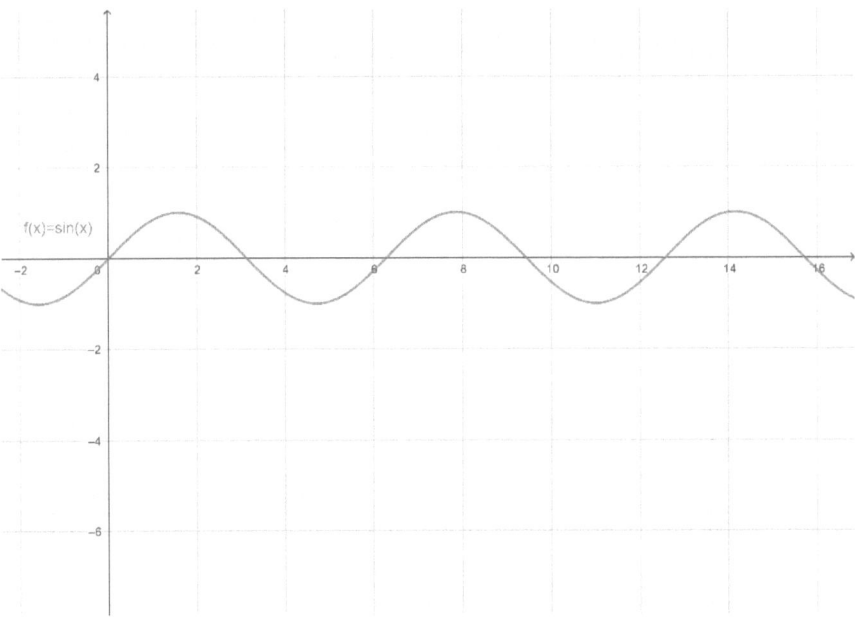

Tangens und Kotangens ergeben dann keine Welle mehr.

Warum ist das alles interessant und hat Potenzial zum Angeben? Kurz gesagt beschreibt diese Welle Schwingungen bei Licht, bei Schall, bei allen möglichen elektromagnetischen Feldern und man kann damit tatsächlich Töne und Licht mathematisch berechnen.

Dazu müssen wir die Sinusfunktion ein bisschen verallgemeinern:

$$f(x) = a*\sin(bx+c)$$

Hierbei ist

- a die *Amplitude*. Sie bestimmt die Höhe der Sinuskurve. a=2 bedeutet z.B. dass die Kurve bis zur 2 hoch und zur -2 herunter reicht.

- b die *Frequenz*. Sie bestimmt, wie oft die Kurve in einem bestimmten Intervall schwingt. In der Standardkurve von oben schwingt die Kurve einmal hoch und runter im Intervall [0, 2π]. Wenn b=3 ist dann schon dreimal.
- c die *Phasenverschiebung*. Sie beschreibt, wie weit die Kurve nach links oder rechts verschoben ist.

Die folgende Grafik zeigt die Kurve von f(x) = 2sin(3x+4):

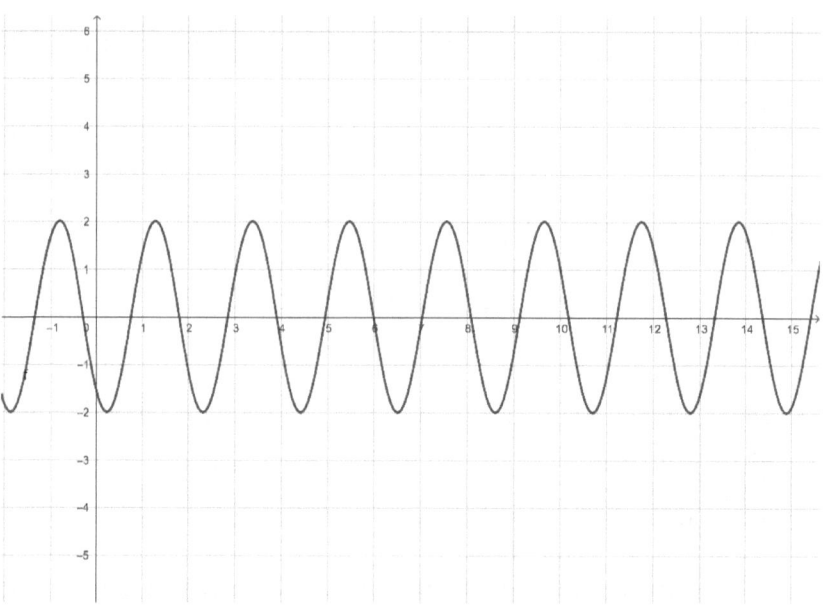

Die Mathematik in der Musik

Ein einzelner Ton, den wir z.B. mit einer Stimmgabel erzeugen, lässt sich mit einer solchen Sinuskurve modellieren, wobei die Frequenz der Kurve die Tonhöhe bestimmt und die Amplitude die Lautstärke. Die Phasenverschiebung können wir hier ignorieren.

Die x-Achse bezeichnet dann die Zeit. Der Kammerton A schwingt z.B. 440-mal in der Sekunde, man spricht hier von einer Frequenz von 440 Hertz. Eine Oktave höher lautet die Frequenz 880 Hertz, verdoppelt sich also von einer Oktave zur nächsten.

Hat man zwei Saiten einer Gitarre oder Geige aus demselben Material gleich stark gespannt und ist eine der Saiten doppelt so lang wie die andere, dann schwingt die kürzere Saite doppelt so oft wie die längere, hat also die doppelte Frequenz. Der Ton, den sie spielt, ist dann genau eine Oktave höher.

Musik oder andere Tonbereiche bestehen allerdings nicht aus einem einzigen Ton, sondern aus vielen Tönen, die auch noch schnell variieren. Daraus ergeben sich überlagerte Sinuskurven, deren Schaubild nur noch mit viel Fantasie an die perfekte Sinuswelle erinnert.

Der Polizeiwagen, der mich überholt

Das hat jeder schon mal gehört. Ein Polizeiwagen mit eingeschalteter Sirene kommt von hinten, überholt einen und entfernt sich dann nach vorne. Der Ton der Sirene wird bei diesem Vorgang immer tiefer. Das liegt nicht an der Sirene, sondern am sogenannten Dopplereffekt (benannt nach dem österreichischen Mathematiker und Physiker Christian Doppler). Nähert sich der Polizeiwagen von hinten, so werden die Sinuskurven der Sirenentöne gestaucht wie bei einer Feder. Das heißt nichts anderes, als dass sich die Frequenz erhöht. Der echte Ton ist nur in dem Augenblick zu hören, wenn der Wagen neben uns ist, danach wird die Schwingung gestreckt, sprich die Frequenz reduziert. Diesen Effekt gibt es immer, wenn die Tonquelle oder der Hörer sich aufeinander zubewegen oder sich voneinander entfernen. Viele Gelegenheiten also, mit den mathematischen Details dahinter zu prahlen.

Wie weit ist ein Stern entfernt?

Eine der Galaxien, die am weitesten von uns entfernt ist, ist HD1. Die ist 13,5 Milliarden Lichtjahre weg. Diese Zahl berücksichtigt allerdings nicht die Expansion des Weltalls, sondern besagt nur, dass Licht von dieser Galaxis, das vor 13,5 Milliarden Jahren abgeschickt wurde, heute bei uns eintrifft. Inzwischen hat sich HD1 natürlich weiter von uns wegbewegt und ist wahrscheinlich schon über 33 Milliarden Lichtjahre entfernt. Das Licht, das von dort heute losgeschickt wird, können wir dann in 33 Milliarden Jahren empfangen und analysieren. Über Lichtjahre wurde in diesem Buch schon geschrieben, da kann man mit sehr großen Zahlen angeben.

Unser nächster Nachbar ist die Andromedagalaxie, die ist schlappe 2,5 Millionen Lichtjahre entfernt, wieder ohne Berücksichtigung der Expansion des Weltalls, wobei sich diese Galaxie eher auf uns zubewegt.

Beide Galaxien werden wir nicht besuchen und es werden auch keine Außerirdischen herkommen. Wir können aber noch 3-4 Milliarden Jahre warten, dann gibt es den großen Crash zwischen unserer Galaxie und Andromeda.

Aber woher wissen wir, wie weit die weg sind? Man kann ja schlecht ein Signal zur Andromedagalaxie schicken und 5 Millionen Jahre warten, bis es vielleicht zurückkommt. Die Antwort ist: Wir schauen uns die Frequenzen des Lichts an, das von ihnen ausgeht.

Den Dopplereffekt gibt es auch bei Licht, aber weil es auf der Erde nicht groß genug ist, können wir das im Alltag nicht wirklich beobachten. Das Licht ist einfach zu schnell. Aber zum Glück ist das Weltall groß genug und fremde Galaxien sind sehr weit weg. Licht bewegt sich im Prinzip auch als Welle. Die Frequenz dieser Welle erzeugt verschiedene Farben. Wir können Licht in einem Frequenzbereich von 789.000 bis 385.000 Hertz (780 bis 380 nM, nM bedeutet *Nanometer* und ist hier die Wellenlänge) sehen. Außerhalb dieses Bereiches gibt es auch Licht (z.B. Infrarot und Ultraviolett), aber das können wir nur mit Messgeräten erfassen. Wellen zwischen 380 nM bis 420 nM sehen Menschen als Violette und ab 650 nM bis 750 nM wirkt das Licht rot. Dazwischen gibt es die typischen Regenbogenfarben. Weißes Licht gibt es nicht, das sehen wir, wenn sich möglichst alle Farben des Spektrums überlagern.

Wenn sich also ein Objekt z.b. ein Stern von uns entfernt, dann werden die Frequenzen wie beim Dopplereffekt gestreckt, und die Farbe des Objektes verschiebt sich in den langwelligen Rotbereich. Die Originalfarbe ermittelt man durch Vergleich mit bekannten Spektrallinien, die bereits im Spektrum der Sonne erscheinen. Aus der Rotverschiebung lässt sich dann die Geschwindigkeit errechnen, mit denen sich das Objekt von uns entfernt, sowie die Zeit, seit der es das schon tut. Letzteres gibt uns Aufschluss über die Entfernung des Objektes von uns.

Der Dopplereffekt findet auch Anwendung in Satellitennavigationssystemen, in der Flugsicherung, bei der Verfolgung von Regengebieten und leider auch in Radarpistolen zur Geschwindigkeitskontrolle. So hat jede Technologie auch ihre Schattenseiten.

Man kann Signale in ihre Frequenzen zerlegen

Jedes Signal, ob Ton, Licht, Wärme oder andere wellenförmige Strahlungen besteht aus Überlagerung von verschiedenen Frequenzen. Hier ein einfaches Beispiel:

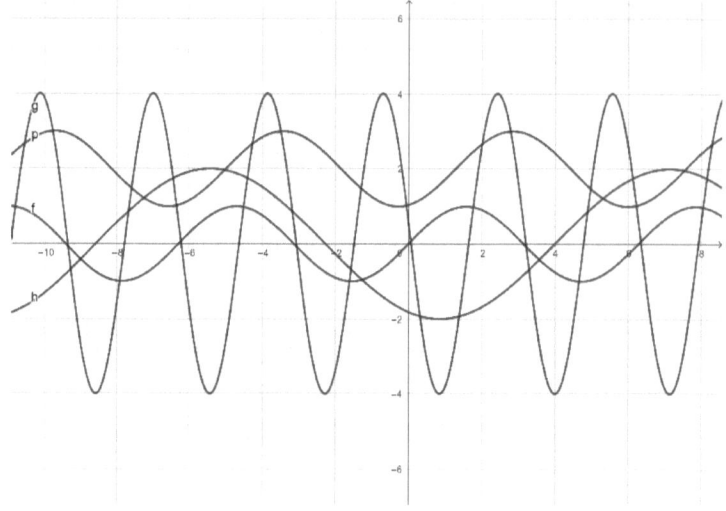

Der Mathematiker Joseph Fourier untersuchte u.a. die Ausbreitung von Wärme in einem Körper und zeigte, dass sie in einzelne Sinuswellen zerlegbar ist. Und das unabhängig von Form und Material des Körpers. Diese Zerlegung von Signalen in ihre Frequenzanteile nennt man Fourier Analyse und sie gilt für alle Arten von Wellenphänomenen. Sie hat heute weitreichende Anwendungsgebiete. Man kann damit Gebäude errichten, deren Resonanzfrequenzen sich von Erdbebenfrequenzen unterscheiden und die damit erdbebensicherer sind.

Weitere Anwendungsbereiche sind Bild- und Sprachbearbeitung, Komprimierung von Digitalfotos, Quantenmechanik oder Satellitenmessungen von Planetenatmosphären.

7 – Die Berechnung der Ästhetik

„Die Fibonacci-Folge stellt sich als Schlüssel heraus, um zu verstehen, wie die Natur gestaltet ist". Dieses Zitat stammt nicht von einem Mathematiker, sondern einem Schriftsteller namens Guy Murchie. Schade eigentlich, denn wir reden hier über Mathematik zur Berechnung von Natur und Ästhetik.

Aber fangen wir von vorne an bei der Natur. Da gibt es Kaninchen, und die pflanzen sich fort. Ziemlich schnell sogar. Nehmen wir an, wir starten mit einem Pärchen. Nehmen wir weiter an, dass kein Kaninchen jemals stirbt (in der Mathematik darf man schon mal unrealistische Annahmen treffen). Nehmen wir weiter an, dass sich Kaninchenpaare einmal im Monat fortpflanzen, sobald sie mindestens 2 Monate alt sind. Nehmen wir auch an, jedes Paar hat pro Monat genau ein weibliches und ein männliches Junges. Jetzt notieren wir, wie sich die Population - in diesem Fall die Anzahl der Kaninchenpaare - pro Monat entwickelt:

$$1\ 1\ 2\ 3\ 5\ 8\ 13\ 21\ 34\ 55\ 89\ 144\ \ldots$$

Wir stellen fest: Jede Zahl ist die Summe der beiden Vorgänger.

Dieses zugegebenermaßen sehr unrealistische Beispiel stammt von Leonardo von Pisa aus dem Jahr 1202. Da hat er jedenfalls sein Buch *Liber Abaci* (Buch des Rechnens) veröffentlicht. Eigentlich wäre dieses Beispiel und die daraus resultierenden *Fibonacci-Folge* (er wurde wohl erst nach seinem Tod „Fibonacci" also Sohn des Bonaccio genannt) längst in Vergessenheit geraten, wenn diese Folge sich nicht immer wieder in der Natur und in den Schönheiten der Künste wiederholen würde.

In einem Bienenstock verhält sich die Anzahl der Vorfahren einer Drohne in jeder Generation wie eine Fibonacci-Folge. Das kommt daher, weil Drohnen nur aus unbefruchteten Eiern der Königin entstehen, also eigentlich nur einen Elternteil haben (die Mutter). Sie haben aber zwei Großeltern und drei Urgroßeltern. Führt man das weiter fort, so haben sie 5 Ururgroßeltern, dann 8 Urururgroßeltern. Es geht weiter mit 13, 21, 34 usw. Die Anzahl der „ur"s erspare ich mir hier. Also wieder eine Fibonacci-Folge.

Wenn man sich Pflanzen anschaut, so findet man Fibonacci-Folgen in

- den Blättern von Blumen – das sind sehr oft 3, 5 oder 8
- den Spiralmustern der Schuppen von Nadelbaumzapfen, Blumenkohl und Ananasfrüchten
- Greiskraut Blüten (was immer das ist) – die haben 13 Blütenblätter
- Chicorée – 21 Blütenblätter
- Gänseblümchen – oft 34 Blütenblätter

Verlassen wir für einen Moment die Natur und wenden uns den Künsten zu:

Das Verhältnis zweier aufeinanderfolgender Zahlen in der Fibonacci-Folge nähert sich, wenn man sich weit genug in Richtung unendlich bewegt der Zahl

$$\frac{1}{2} + \frac{1}{2}\sqrt{5} \approx 1{,}618$$

Diese Zahl wird oft der *Goldene Schnitt* genannt. Ganz allgemein spricht man von einem Goldenen Schnitt zweier Zahlen, wenn die größere geteilt durch die kleinere das gleiche ergibt wie die Summe beider Zahlen geteilt durch die größere. Oder auch

a:b = (a+b):a, wobei a > b ist

Die Fibonacci-Folge erfüllt dieses Kriterium. Z.B. ist 144:89 ≈ 1,618 und (144+89):144 ≈ 1,618. Generell ist dieses Verhältnis eine Konstante, für die sich der Buchstabe φ (Phi) etabliert hat.

Dieser Goldene Schnitt gilt als besonders ästhetisch. So gelten Verse in Gedichten als besonders schön, wenn die Zeilen 1,2,3,5,8,13 Silben haben. Das wurde bereits in der Sanskrit Dichtung lange vor Leonardo von Pisa erkannt. Auch in der Musik findet man in Werken das französischen Komponisten Debussy Fibonacci-Zahlen. In der Kunst taucht der Goldene Schnitt immer wieder auf, berühmte Beispiele sind das Gemälde *Das Abendmahl,* die Proportionen des Gesichtes der *Mona Lisa* sowie die Zeichnung des *Vitruvianischen Menschen* (ein Mensch eingezeichnet in einen Kreis und ein Quadrat) von Leonardo da Vinci. Ob er die Mathematik dahinter kannte und sie entsprechend anwendete oder ob er ästhetische Bilder erzeugte, die dann dem Goldenen Schnitt folgten, ist ein interessantes Henne-Ei Problem, das man wohl nicht lösen wird.

Auch die Natur hat dieses Gesetz der Ästhetik erkannt und richtet sich oft nach der *Goldenen Spirale,* bei der jede Vierteldrehung um den Wert 1,618 größer wird. Die Seitenlängen der Quadrate im nächsten Bild folgen hierbei der Fibonacci-Folge, die Verhältnisse ergeben den Goldenen Schnitt.

Dieses Spiralmuster findet man in der Natur z.B. in Schneckenhäusern, Wirbelstürmen, Samen von Sonnenblumen oder Galaxien.

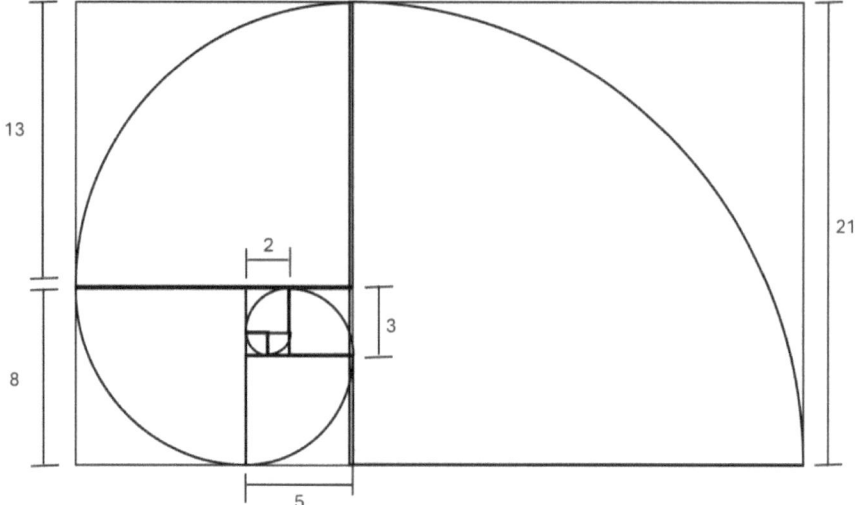

Wie in der Malerei wird der Goldene Schnitt auch gerne in der Fotografie verwendet. Fotos, bei denen das Hauptmotiv genau in der Mitte liegt, wirken oft langweiliger als solche, bei denen das Hauptmotiv dem Goldenen Schnitt folgt, also ungefähr dort positioniert wird, wo die Spirale in ihr Zentrum läuft. Das geht natürlich in allen möglichen gespiegelten Versionen dieser Spirale, wie das folgende Beispiel zeigt. Probieren Sie es aus, machen sie das gleiche Bild einmal mit dem Hauptmotiv in der Mitte und einmal im Goldenen Schnitt. Dazu brauch es keine Rechenleistung, das kann man gut abschätzen, wenn man das Bild der Spirale im Kopf hat.

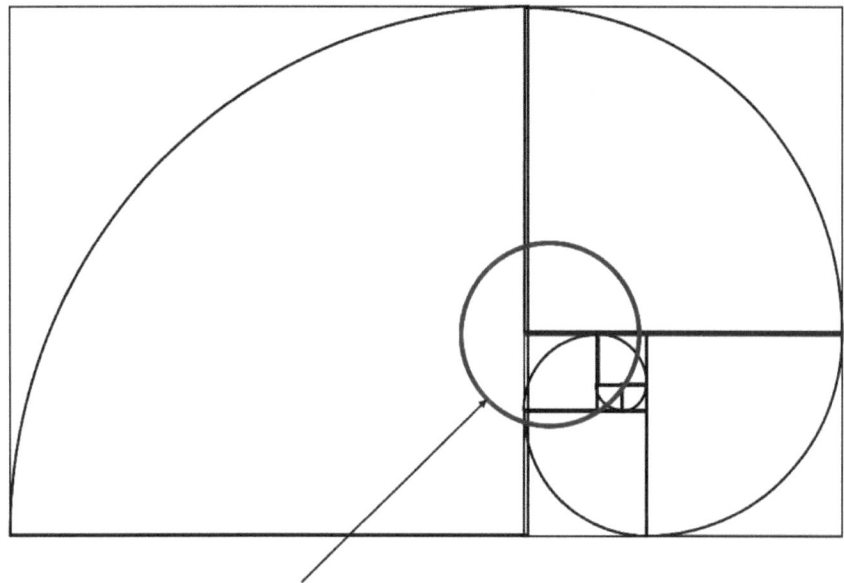

Platzierung des Hauptmotivs

Beim menschlichen Körper teilt der Bauchnabel den Menschen in 2 Teile. Das Verhältnis von Gesamtlänge des Körpers zum Abstand vom Boden zum Bauchnabel sowie das Verhältnis Strecke vom Boden zum Bauchnabel und vom Bauchnabel zum Kopf folgen ungefähr dem Goldenen Schnitt. Ich habe bei mir nachgemessen und komme auf 1,67 bzw. 1,5. Mein Bauchnabel scheint zu weit unten zu liegen, d.h. meine Beine sind zu kurz. Deswegen bin ich Mathematiker geworden.

Eigentlich waren die Motive Leonardos von Pisa viel profaner. Er berechnete Probleme mit Gewinnspannen aus dem Handel, Aufgaben der Landvermessung oder Verhältnisse von Dreiecken. Betrachtet man z.B. den Satz des Pythagoras ($a^2+b^2=c^2$), so liefert ab der 5 jedes zweite Glied der Fibonacci-Folge die Länge der Hypotenuse, für die es eine ganzzahlige Lösung dieser Gleichung gibt. (Beispiel: $5^2 + 12^2 = 13^2$ oder auch $152^2 + 285^2 = 323^2$)

Übrigens, wenn Sie dieses Buch als nicht besonders ästhetisch empfinden, dann liegt es daran, dass ich mich in meinem Versmaß nicht an die Fibonacci-Folge gehalten habe. Das war ja auch nicht der Sinn. Aber wenn Sie in einer Runde mit Ihren Freunden mal einen angeberischen Spruch aus diesem Buch herauslassen wollen, versuchen Sie es doch mit 8, 13 oder 21 Silben. Die Zuhörer werden begeistert sein.

8- (Un-)Wahrscheinlichkeiten

Wenn Sie bisher noch nicht genügend Material zum Angeben gefunden haben, dann wird es Zeit für Wahrscheinlichkeiten oder Unwahrscheinlichkeiten. Man erinnert sich vielleicht an die Schulzeit: Die Wahrscheinlichkeit, ein bestimmtes Ergebnis zu erzielen, ist

$$P(E) = \frac{Anzahl\ der\ g\ddot{u}nstigen\ Ergebnisse}{Anzahl\ der\ m\ddot{o}glichen\ Ergebnisse}$$

Das bezieht sich auf sogenannte *Laplace Experimente*, bei denen alle Ereignisse die gleichen Wahrscheinlichkeiten haben. Dazu gehören Würfeln, das Werfen einer Münze, Lotto spielen usw. So weit, so langweilig. Schauen wir uns ein paar Beispiele an, dann wirds interessanter.

Wie kann man 14-mal im Lotto gewinnen.

Die spontane Antwort lautet: Mit sehr viel Glück. Das Glück, das man für solch einen Gewinn braucht, steigt mit der Anzahl der möglichen Ergebnisse. Die meisten Menschen wissen, dass die Chancen auf einen Sechser im Lotto sehr gering sind, genau genommen ungefähr 1 zu 14 Millionen.

Wir haben im Kapitel Maße und Gewichte schon kennengelernt, dass man Glück wiegen kann. Ein Quäntchen sind ca. 4 Gramm. Davon brauchen Sie sehr viele für den Sechser.

Wen's interessiert, die Anzahl der möglichen Ereignisse (also der Nenner aus der Formel oben) ergibt sich aus:

$$M(E) = \frac{n!}{k!(n-k)!} = \binom{n}{k}$$

n ist die Anzahl der Möglichkeiten, k die Anzahl der Zahlen, die gezogen werden. Die Darstellung auf der rechten Seite nennt sich *n über k*. Ob Sie mit diesem Begriff angeben können, überlasse ich Ihnen.

Wenn Sie noch nicht genug haben, empfehle ich Ihnen die Erklärung des Urnenmodells zur Berechnung der möglichen Ergebnisse im Anhang. Im gebräuchlichen Lotto 6 aus 49 gilt also:

$$M(E) = \frac{49!}{6!(49-6)!} = 13.983.816$$

Die Anzahl der günstigen Ergebnisse für den Hauptgewinn ist 1. Da ist ein Volltreffer schon sehr unwahrscheinlich. Den kriegen Sie natürlich sicher, wenn Sie 13.983.816 Lottoscheine mit allen möglichen Zahlenkombinationen für denselben Ziehungstag abgeben. Der Sechser ist dann garantiert dabei, die Wahrscheinlichkeit ist 100 %.

Das klingt sehr unrealistisch, oder? Alleine das Ausfüllen der Scheine wäre schon ein logistischer Albtraum. Und dann wäre das investierte Geld wahrscheinlich höher als der Gewinn. Aber immerhin könnten Sie jedem erzählen, dass Sie einen Sechser im Lotto hatten!

Gehen wir zurück in die 1960er-Jahre, genau genommen nach Rumänien. Wie viele Menschen in Rumänien in der damaligen Zeit hatte auch ein mathematisch begabter Mann Geldprobleme. Harte Arbeit war wohl nicht sein Ding und kriminell wollte er auch nicht werden, also beschloss er im Lotto zu gewinnen. Er zielte da nicht unbedingt auf den sehr unwahrscheinlichen Hauptgewinn. Auch für 3, 4 oder 5 richtige Zahlen gewinnt man bereits Geld.

Wie erwähnt war er mathematisch begabt, wusste also, dass die Wahrscheinlichkeiten gegen ihn standen. Er studierte mehrere Werke des Mathematikers Fibonacci und entwickelte einen Algorithmus, der die Wahrscheinlichkeiten eines Gewinns bei nur 569 Versuchen drastisch erhöhte. Im Wesentlichen suchte er sich dafür 15 Zahlen aus den 49 aus und füllte Lottoscheine mit Kombinationen aus diesen 15. Zusammen mit 4 Freunden kaufte er jeweils 288 Lottoscheine und damit doppelt so viele wie die ursprünglich errechneten 569 und gewann.

Mit dem Geld wanderte er schließlich nach Australien aus und traf dort ein Lottosystem an, dass es ihm leicht machte. Das System war ein 6 aus 40 System mit einem Höchstgewinn von 10 Million australische Dollar. Ein Lottoschein kostete einen Dollar. Rechnen wir nach:

$$M(E) = \frac{40!}{6!(40-6)!} = 3.838.380$$

Das Unglaubliche daran: Wenn man alle möglichen Zahlenkombinationen tippte, investierte man 3,9 Millionen und gewann sicher 10 Millionen! Da waren also nur noch zwei Probleme zu lösen:

- Woher nimmt man die 3,9 Millionen, die man zum Investieren braucht? Dafür reichte der Gewinn aus Rumänien nicht.

- Wie füllt man 3,9 Millionen Tippscheine aus, mit den richtigen 3,9 Millionen Zahlenkombinationen und verteilt die dann noch auf verschiedene Annahmestellen?

Der Rumäne gründete eine Firma, fand Investoren, kaufte sich leistungsstarke Computer, die ihm alle möglichen Zahlenkombinationen ausrechneten und gewann. Das wiederholte er insgesamt 12-mal! So lange dauerte es, bis die Behörden selbst nachgerechnet hatten und das Gesetz Stück für Stück so änderten, dass es nicht mehr erlaubt war, alle Kombinationen zu tippen.

Er zog daraufhin in die USA um, in den Staat Virginia. Dort war das System 6 aus 44, das sind ca. 7 Millionen mögliche Kombinationen. Außerdem war es erlaubt, beliebig viele Tickets zu Hause auszudrucken. Der Gewinn betrug das Vierfache der Kosten für alle Tickets. Wieder betrieb er enormen logistischen Aufwand, aber er hatte ja geübt. 1992 gewann er 27 Millionen US Dollar, wovon er natürlich einen Großteil an seine Investoren zahlen musste. Neben dem Hauptgewinn traf er natürlich auch alle Nebengewinne.

Nach vielen juristischen Streitereien, die er alle gewann, zog er sich aus dem Lotto Geschäft zurück. Die Lottogesellschaften in allen

Ländern haben inzwischen erkannt, dass es keine gute Idee ist, mehr auszuschütten, als man für alle möglichen Zahlenkombinationen investieren muss und die Lücken geschlossen. Die schlechte Nachricht ist also: Das funktioniert heute nicht mehr. Wir sind zu spät dran. Es gibt keine Lottogesellschaften mehr, bei denen der Gewinn höher ist als die Kosten für alle Zahlenkombinationen. Nicht, dass ich wüsste, jedenfalls.

Zum Angeben ist die Geschichte auf jeden Fall gut genug. Wenn das nächste Mal die Diskussion auf das Thema Lotto kommt, können Sie ja mal vorschlagen, einfach alle Zahlenkombinationen zu tippen. Zweifelsfrei ist die Chance auf den Hauptgewinn 100%.

Gibt es andere Strategien im Lotto zu gewinnen?

Es gibt natürlich Tippgemeinschaften, private und professionelle. Die erhöhen ihre Chancen zu gewinnen, indem sie einfach viele Tipps abgeben. Natürlich gewinnen die über die Zeit öfter, müssen sich den Gewinn aber auch teilen. Letztendlich bringt das dann auch nicht so viel, es sei denn, man optimiert die Kombination von Zahlenreihen. Der rumänische (Hobby)Mathematiker hatte berechnet, dass er die Chancen auf den Hauptgewinn auf 1:2794 gesteigert hat, indem er sich 15 Zahlen aus den 49 aussuchte und die in verschiedenen Kombinationen über 5.000-mal tippte. Den Algorithmus habe ich nicht gefunden, aber 1:2794 ist immer noch ziemlich wenig.

Was auf jeden Fall hilft, ist, sich hohe Zahlen für den Tipp auszusuchen, Zahlen ab 32. Das hat zwar keinen Einfluss auf die Gewinnchancen, aber schon auf die Anzahl der anderen Spieler, die denselben Tipp haben wie sie. Der Grund ist, dass erstaunlich viele Tipper mit Zahlen aus Geburtstagen tippen und die gibt es ab der 32 nicht mehr. Wenn Sie also mit hohen Zahlen gewinnen, haben Sie eine Chance mit weniger anderen Glücklichen teilen zu müssen. Das ist doch auch schon was.

Vermeiden sollten Sie aus diesem Grund auch Muster wie 6 aufeinander folgender Zahlen. Das tippen auch erstaunlich viele

Menschen. Die Wahrscheinlichkeit, dass 1-2-3-4-5-6 gezogen wird, ist genauso hoch wie bei jeder anderen Kombination. Trotzdem würden die meisten Menschen denken: „So ein Zufall".

Spielen wir Roulette

Es gibt Zahlen von 0 bis 36, dazu Farben (rot und schwarz) und Felder für mehrere Zahlen. Eine Kugel liefert dann eine Zahl sowie die Farbe des Feldes, auf dem die Zahl steht. Wir nehmen an, wie sind in einem seriösen Spielcasino und die Kugel fällt wirklich zufällig. Setzt man auf eine Zahl, so ist die Chance zu gewinnen 1/37. Dazu braucht man noch nicht mal die Formel von oben. Bei einer Farbe reden wir von 18/37. Das ist weniger als 50%, weil die Null weder rot noch schwarz ist.

So weit, so wenig zum Angeben. Jetzt beobachten wir eine Weile lang das Spiel und stellen fest, in den letzten 12 Spielen kam immer nur Rot. Das kann schon mal passieren. Höchste Zeit, dass mal wieder Schwarz kommt. Schließlich ist die Wahrscheinlichkeit für schwarz knapp 50%. Eine solche Serie ist also eher unwahrscheinlich.

Also jetzt auf Schwarz setzen, oder? Wie stehen die Chancen für Schwarz im 13. Spiel jetzt: Die Antwort ist ernüchternd und widerspricht auch ein bisschen unserem Gefühl.: 18/37. Die Vergangenheit zählt also nicht. Jedes Spiel startet wieder bei null, egal wie die Spiele davor liefen. In der Mathematik spricht man hier von unabhängigen Wahrscheinlichkeiten. Keine gute Strategie also zu beobachten und dann einzusteigen, wenn eine unwahrscheinliche Serie erfolgt ist. Diese intuitive, aber falsche Schlussfolgerung kennt man unter dem Begriff Gambler's fallacy (zu Deutsch: Spielerfehlschluss, aber das hört sich viel schlechter an).

Generell ist die durchschnittliche Auszahlung beim Roulette bei mehr als 97%. Das ist schon viel, die Bank macht also nur 3% Gewinn. Das ist beim Lotto deutlich weniger, ca. 50%. Im Jahr 2023 nahm der Staat ca. 2,5 Milliarden Euro durch Lotto ein.

Aber gibt es beim Roulette auch so eine todsichere Gewinnstrategie, wie in den Beispielen vom Lottogewinner im vorigen Kapitel?

Die kurze Antwort: Probieren Sie es nicht. Die Spielbanken reagieren allergisch auf Systemspiele und setzen Sie vor die Tür und noch schlimmer: Sie riskieren Kopf und Kragen.

Nehmen wir ein Beispiel: Sie setzen €100,- auf Rot. Gewinnen, Sie, haben Sie €100,- gewonnen und setzen im nächsten Spiel wieder €100,- auf Rot. Verlieren Sie, so setzen Sie im nächsten Spiel das Doppelte, also €200,- auf Rot. Gewinnen Sie, dann haben Sie €400,- gewonnen und €300,- investiert. Reingewinn also wieder €100,-. Verlieren Sie jedoch, so investieren Sie im nächsten Schritt wieder das Doppelte. Das Ganze machen Sie so lange, bis Sie wieder gewinnen. Egal, wie lange Sie verlieren, am Ende gewinnen Sie €100,- netto. Dann gehts im nächsten Schritt wieder bei €100,- los und die Erfolgsstory geht weiter. Das Verfahren nennt sich Martingale System.

Absolut sicheres System, oder? Wenn Sie jetzt leichtfertig „Ja" gesagt haben, lesen Sie bitte noch mal das Kapitel über exponentielles Wachstum. Die Verdoppelung in jedem Spiel, das Sie verlieren, führt zu der Formel

$$f(n) = f(0)*2^{n-1}$$

f(n) hier die Summe, die Sie im n-ten Spiel nach Ihrem letzten Gewinn eingesetzt haben, f(0) der Anfangswert, also €100,-.

Wir hatten weiter oben schon das Beispiel einer „Pechsträhne" von 12 Spielen. Im 13. Spiel wäre Ihr Einsatz $100*2^{12}$ = €409.600,-. Merken Sie was? Haben Sie so viel Geld? Akzeptiert die Bank diesen Einsatz? Sie setzen über €400.000,- ein, um €100,- zu gewinnen und das mit einer Wahrscheinlichkeit unter 50%? Und was, wenn Sie verlieren? Setzten Sie dann über €800.000,- ein, um vielleicht €100,- zu gewinnen?

Auch wenn sich über einen langen Zeitraum die Wahrscheinlichkeit für Rot (und auch Schwarz) bei knapp 50% einpendeln dürfte, reden wir hier von sehr vielen Spielen. Millionen von Spielen. Ein Pechsträhne von 12 oder mehr Spielen wäre alles andere als unwahrscheinlich.

Also machen Sie das nicht. Auch wenn das Casino Sie nicht rauswirft (was sehr unwahrscheinlich ist) riskieren Sie den wirtschaftlichen Ruin für läppische €100,- Gewinn.

Glücksspiele in Casinos sind ein netter Zeitvertreib und man kann wirklich interessante Beobachtungen der Spezies Mensch machen. Wenn Sie dafür Geld einsetzen und über einfache Spiele wie Rot / Schwarz beim Roulette mit moderatem Einsatz von Geld einen wunderbaren Abend verbringen, dann ist das Geld sinnvoll eingesetzt. Dafür braucht man keine Mathematik.

Ausgerechnet jetzt

Während einer Urlaubsreise durch die USA kam ich mit meiner Familie auch nach Las Vegas. Damals hingen Glücksspielautomaten noch auf der Straße, man konnte also spielen, ohne ein Casino zu betreten. Ich wollte schon immer mal an einem einarmigen Banditen spielen. Einfach mal an dem Hebel ziehen, wie ich es in zahlreichen Filmen gesehen hatte. Das Erlebnis war mir einen Dollar wert und war für den Spaß auch sinnvoll investiert. Dazu wollte ich meinen Kindern demonstrieren, dass man an solchen Automaten Geld verliert. Das Ganze hatte also ein Spaßfaktor und war dazu noch pädagogisch wertvoll. Was für ein Deal!

Ich steckte also einen Dollar in die Maschine und zog an dem Hebel. Mein Traum ging in Erfüllung. Der Automat blinkte und zeigte mir alle möglichen Symbole, die ich alle nicht verstand, was mir egal war. Nach wenigen Sekunden spuckte er 10 Dollar aus. Keine Ahnung, wie die Wahrscheinlichkeit für einen solchen Gewinn aussah, aber der pädagogische Effekt war dahin, ich hatte meinen Einsatz verzehnfacht, meine Kinder waren begeistert. Ausgerechnet jetzt musste ich gewinnen!

So ist das mit Wahrscheinlichkeiten, man kann sich einfach nicht auf sie verlassen!

Ich kann Sie beruhigen, der Gewinn von $9,- hat mein Leben nicht nachhaltig verändert. Ich habe weder meinen Job gekündigt noch mir eine Jacht gekauft. Immerhin etwas.

Spielen wir Kniffel

Kniffel ist ein Spiel, das mit fünf Würfeln gespielt wird. Man hat drei Würfe und kann bei den Würfen zwei und drei beliebige Würfel liegen lassen und mit entsprechend weniger Würfeln weiter spielen. Ziel ist es, mit den drei Würfen verschiedene Muster zu erreichen, die dann unterschiedlich viele Punkte bringen.

Das wertvollste Muster ist der Kniffel, fünf gleiche Zahlen. Dazu gibt es die große und kleine Straße (vier bzw. fünf Zahlen in Reihenfolge), Full House (2 Würfel mit gleicher Punktzahl, 3 Würfel mit gleicher Punktzahl) Dreierpasch, Viererpasch und die Anzahl der Würfel mit 1,2,3,4,5,6 Augen. Dazu eine Chance, bei der einfach alle Punkte gezählt werden. Insgesamt 13 Kategorien mit maximal 375 Punkten einschl. 35 Punkten Bonus aus dem oberen Teil. Die Zahl geht von nur einem Kniffel aus.

Schauen wir uns ein paar Wahrscheinlichkeiten an:

Die Wahrscheinlichkeit, einen Kniffel mit einem Wurf zu werfen, beträgt

$$P(\text{Kniffel}) = \frac{6}{6^5} = \frac{1}{1296} \approx 0{,}077\%$$

Ok, das ist einigermaßen unwahrscheinlich, kommt aber vor und wenn, dann fluten die Endorphine den Körper und man fühlt sich glücklich.

Bei einer großen Straße gibt es 2 Möglichkeiten: 1-2-3-4-5 und 2-3-4-5-6. Jede dieser beiden Möglichkeiten kann in allen Permutationen vorkommen, z.B. 12345, 53241, 24653 usw. Das sind jeweils 5!= 120. Es gibt also 240 Möglichkeiten, eine große Straße mit einem Wurf hinzukriegen. Die Wahrscheinlichkeit ist deshalb

$$P(\text{Große Straße}) = \frac{240}{6^5} \approx 3{,}086\,\%$$

Man würfelt also eine große Straße aus der Hand mit 40-facher Wahrscheinlichkeit im Vergleich zum Kniffel. Dabei zählt sie immerhin 40 Punkte, der Kniffel „nur" 50.

Wie groß ist aber die Wahrscheinlichkeit, mit drei Würfen einen Kniffel zu werfen? Die optimale Strategie ist hier: Gleiche Würfel behalten, die anderen neu würfeln. Bei zwei Zwillingen behält man einen davon, egal welchen. Bei 5 einzelnen kann man einen behalten oder alle neu würfeln. Die Wahrscheinlichkeiten bleiben gleich.

Jetzt wirds ein bisschen kompliziert: Es gibt mit der Strategie oben 15 Möglichkeiten, einen Kniffel zu werfen. Jede dieser Möglichkeiten hat gewisse Wahrscheinlichkeiten, aber am Ende ist die Wahrscheinlichkeit, einen Kniffel zu werfen unter 5%. Im Anhang finden Sie eine Aufschlüsselung dieser 15 Möglichkeiten mit ihren jeweiligen Wahrscheinlichkeiten und dem Ergebnis 4,6%. Versuchen Sie mal zu googeln, wie die Wahrscheinlichkeit ist und Sie kriegen verschiedene Ergebnisse. Die meisten pendeln sich bei 4,5-4,8% ein, eine davon wird wohl richtig sein.

Welche Strategien lassen sich daraus für ein Kniffelspiel ableiten? Die ernüchternde Antwort ist: Keine. Die Strategien, die sich daraus erkennen lassen, sind offensichtlich. Braucht man einen Kniffel, so behalte man die Würfel mit den Zahlen, von denen man am meisten hat. Da wären die meisten auch so drauf gekommen. Wenn man noch viele offene Positionen hat, kann man immer wieder einen Kniffel versuchen und zur Not halt den Dreier Pasch oder 4 Fünfer nehmen.

Im Prinzip kommt man mit ein paar Anhaltspunkten schon sehr weit:

- Die 35 Punkte Bonus oben sind schon viel wert. Die sollte man priorisieren, wenn man bedenkt, wie unwahrscheinlich die 50 Punkte für einen Kniffel sind.
- Darüber hinaus sind die hohen Punktzahlen halt unten zu machen, wobei die Große Straße mit ihren 40 Punkten sehr viel wahrscheinlicher ist als der Kniffel.
- Als Sicherheitsnetz für die große Straße kann immer noch die Kleine herhalten. Hat man 4 Zahlen in Reihe, kann man die Große Straße versuchen, die Kleine hat man schon sicher.
- Einser und Zweier sind für Notlösungen zu gebrauchen. Will man zwei Einser und zwei Zweier zu einem Full House machen und es klappt nicht, kann man immer noch mit 2 Einsern im oberen Teil leben.
- Niemals die Chance unterschätzen, die kann viele Punkte bringen.

Eine Strategie, die sich bei der Großen Straße anwenden lässt, habe ich als Rätsel im entsprechenden Kapitel verpackt.

Gewinnen bei Verlustspielen

1996 hat der spanische Physiker Parrondo beschrieben, wie man aus zwei Spielen, in denen man auf lange Sicht immer verliert, eine Kombination machen kann, bei der man langfristig gewinnt. Dieses erstaunliche Phänomen ist seitdem unter dem Namen Parrondo Paradoxon bekannt. Klingt doch gut, oder? Bevor Sie jetzt sofort ins nächste Casino stürzen, schauen wir uns das System näher an:

Nehmen wir an, Sie werfen Münzen. Wenn Sie gewinnen, verdoppeln Sie den Einsatz, ansonsten verlieren Sie ihn. Nehmen wir an, die Münzen haben etwas weniger als 50% Gewinnchance, der

Spielleiter will ja auch seinen Teil. Das ist eine rein theoretische Annahme.

Jetzt spielen Sie zwei Spiele:

- Spiel A: Eine einzelne Münze wird geworfen, die Gewinnchance ist 49%. Klar, dass Sie über längere Zeit Geld verlieren, wenn auch langsam.
- Spiel B: Sie haben zwei Münzen, eine mit einer Gewinnwahrscheinlichkeit von 9% (sehr schlecht für Sie), eine mit einer Gewinnwahrscheinlichkeit von 75% (sehr gut für Sie). Die Regel besagt, dass Sie die erste Münze werfen, wenn Ihr Kontostand durch 3 teilbar ist, ansonsten wählen Sie Münze 2. Auch bei diesem Spiel verlieren Sie auf lange Sicht, letztendlich, weil die erste Münze so viel schlechter ist. Das kann man über Computersimulationen nachweisen.

Beide Spiele sind also nicht zu empfehlen, weil Sie auf lange Sicht hin immer verlieren. Interessant wird's, wenn Sie die beiden Spiele kombinieren, also abwechselnd spielen, z.B. zwei Runden A, zwei Runden B. Dann schaukeln sich die beiden Verlustspiele tatsächlich zu einem Gewinnspiel auf. Das liegt letztendlich daran, dass das Einstreuen von Spiel A verhindert, dass zu oft ein Einsatz übrig bleibt, der durch 3 teilbar ist und in das sehr schlechte Spiel mit 9% Gewinnchance mündet. Man verschiebt also Spiel B zugunsten der 75% Chance, die ja für sich genommen langfristig einen Gewinn bedeutet. Man spricht hier von einem Ratschen Effekt. Dazu gibt es ein Kinderspielzeug, in dem zwei Ratschen sich unterschiedlich nach unten bewegen, zusammen aber eine Spielfigur nach oben transportieren. Schauen Sie sich dazu Videos im Internet an, sieht nett aus und zeigt, was hier gemeint ist.

Falls Sie noch einen Fachbegriff einstreuen wollen, der Beweis, dass diese Kombination langfristig zu Gewinnen führt, wird mit der *Markovkette* geführt.

Im Prinzip würde das auch in Casinos funktionieren, wenn Sie denn zwei derartige Spiele kombinieren könnten, z.b. ein normales Roulette Spiel, bei dem Sie immer auf Rot setzen (Spiel A) und ein Roulette Spiel, bei dem Sie auf einen Viererblock oder auf eine Kombination von rot/schwarz gerade/ungerade und grün setzen, je nachdem, ob Ihr verbliebenes Budget durch 3 teilbar ist oder nicht (Spiel B). Im letzteren Fall beträgt Ihre Gewinnchance ca. 75%, beim Viererblock reden wir von ca. 10%. Spiel A hat eine Gewinnwahrscheinlichkeit von knapp 49%, weil Sie bei der grünen Null immer verlieren. Die Kombination der beiden würde, wie oben beim Münzwurf aus zwei Verlustspielen ein Gewinnspiel machen. Cool oder?

Das Problem ist, dass die Casinos das auch wissen und solche Kombinationen von Spielen einfach nicht möglich machen. Neue Spiele kommen daher nur nach sorgfältiger Prüfung dieses Effekts in die Casinos.

Warum ist das trotzdem interessant? Inzwischen haben Wissenschaftler dieses Paradoxon in anderen Gebieten außerhalb der Spieltheorie untersucht. Beispiele sind Quantenmechanik oder Biogenetik, aber auch Investmentstrategien, durch die sich verlustträchtige Aktien durch einen geeigneten Ratschen-Effekt zu einem Gewinnportfolio kombinieren lassen können. In der Tierpopulation wurde untersucht, warum Lebewesen einzellige und vielzellige Formen abwechseln. Die kennen das anscheinend schon lange.

Auch wenn man dieses Prinzip nicht in Casinos anwenden kann, im Freundeskreis geht das. Besorgen Sie sich drei Roulette Spiele und probieren Sie es aus!

Vorsicht vor Münzwürfen

Jemand bietet Ihnen folgendes Spiel an: Eine (faire) Münze wird so oft geworfen, bis Kopf kommt. Die Anzahl der Versuche entscheidet über den Gewinn. Bei einem Versuch erhalten Sie einen Euro, bei zwei Versuchen zwei und dann bei jedem Versuch den doppelten Betrag. Der Einsatz für einen Satz an Versuchen bis zum Erscheinen von Kopf ist €1000,-. Würden Sie das Spiel annehmen? Bevor Sie weiter lesen, machen Sie doch mal eine spontane Aussage: Ja oder Nein?

Erinnern wir uns an den Begriff *faires Spiel* aus der Schulzeit. Ein Spiel ist fair, wenn der zu erwartende Gewinn, auch *Erwartungswert* genannt, dem Einsatz entspricht. Der zu erwartende Gewinn ist die Summe aller möglichen Gewinne multipliziert mit deren Wahrscheinlichkeit. Machen wir ein Beispiel:

Sie würfeln mit einem (fairen) Würfel. Bei einer 1 oder 2 erhalten Sie €10,-, bei einer 3 gibt es €20,-, ansonsten gehen Sie leer aus. Der Einsatz beträgt €10,-. Der Erwartungswert ist:

$$\frac{2}{6} * 10 + \frac{1}{6} * 20 + \frac{3}{6} * 0 = \frac{40}{6} \approx 6{,}67$$

Auf lange Sicht gewinnen Sie also im Schnitt €6,67 bei einem Einsatz von €10,-. Das Spiel ist nicht fair und zwar zu Ihren Ungunsten. Spielen Sie das nicht!

Schauen wir uns nun den Erwartungswert unseres Münzwurfspiels von oben an. Mit einer Wahrscheinlichkeit von ½ gewinnen Sie beim ersten Wurf €1,-. Beim zweiten Wurf mit einer Wahrscheinlichkeit von ¼ €2,- usw. Insgesamt also:

$$\frac{1}{2} * 1 + \frac{1}{4} * 2 + \frac{1}{8} * 4 + \ldots = \sum_{k=1}^{\infty} \frac{1}{2}$$

Diese Summe geht gegen unendlich und damit auch der Erwartungswert. Der erwartete Gewinn übersteigt also jeden Einsatz, egal, wie hoch der ist. Cool oder? Sie sollten spielen!

Hier kommt der Haken: Sie können dieses Spiel nicht unendlich oft spielen. Dazu reicht Ihre Lebenszeit nicht aus. Sie können es oft spielen, aber nicht unendlich oft. Und derjenige, der es anbietet, hat auch nicht unendlich viel Kapital. Er riskiert nicht sehr viel, jedenfalls nicht am Anfang. Erst 1 € (immerhin mit einer 50% Chance daraus €1000,- zu machen), dann €2,- €4,- usw. Insgesamt für k

Runden $€2^{k-1}$. Wenn Sie das Kapitel über exponentielles Wachstum gelesen haben, sollte Ihnen diese Formel bekannt vorkommen. Nach 11 Runden ohne Kopf kommt der Anbieter des Spiels erstmals in die Verlustzone, nach 18 Runden reden wir von über €130.000,-. Danach gehts schnell bis zum Bankrott.

Als Anbieter riskieren Sie also den Bankrott, als Spieler riskieren Sie sehr oft €1000,- zu verlieren, allerdings nicht mit exponentieller Beschleunigung.

Hier sind wir also wieder bei dem Thema exponentielles Wachstum und Unendlichkeit. Da versagt unsere Intuition.

Das Ganze ist übrigens als *Sankt-Petersburg-Paradoxon* bekannt.

Machen wir das Ganze ein bisschen realistischer und nehmen wir an, der Spielleiter hat ein Budget von €1100. Mehr Gewinn kann er nicht ausschütten, sein potenzieller Verlust ist also gedeckt. Er wird von Ihnen natürlich nicht mehr einen Einsatz von €1000 pro Spiel verlangen können, aber sagen wir, er bietet Ihnen an, für €6,- pro Spiel einzusteigen. Nehmen Sie an?

Schauen wir uns wieder den Erwartungswert an:

$$\frac{1}{2}*1 + \frac{1}{4}*2 + \frac{1}{8}*4 + ... \frac{1}{2048}*1024 = \frac{1}{2}*11 = 5,5$$

Sie sollten ablehnen, ihr Einsatz übersteigt den erwarteten Gewinn. Nun nehmen wir an, Sie spielen gegen eine sehr reiche Person und die hätte ein Budget von €100 Milliarden. Wie viel wären Sie bereit zu investieren? Sie können ja mal schätzen, bevor Sie weiter lesen. Zumindest können Sie mal Freunde schätzen lassen. Rechnen wir nach. Wir suchen die Anzahl k der Versuche, die sich dieser Mensch noch leisten könnte, also:

$$2^{k-1} \leq 100.000.000.000$$

Wenden wir auf beiden Seiten den Logarithmus an, so erhalten wir

$$k-1 = 36,7, \text{ also } k = 37,7$$

Nach 37 Versuchen wäre also Schluss, beim 38 Versuch wäre die Auszahlung €137 Milliarden und läge damit über dem Budget. Bei maximal 37 Versuchen liegt der Erwartungswert bei €18,50. Mehr sollten Sie nicht riskieren.

Schon mal gewichtelt?

Wichteln ist ein Spiel, das sowohl bei Kindern als auch bei Erwachsenen beliebt ist. Jeder bringt ein verpacktes Geschenk mit und diese werden dann per Losverfahren auf alle Teilnehmer verteilt. Dabei kann man natürlich auch sein eigenes Geschenk erhalten und das ist gar nicht so unwahrscheinlich. Genaugenommen ist es deutlich wahrscheinlicher, dass mindestens ein Teilnehmer sein eigenes Geschenk zurückerhält, als dass alle nur Geschenke von anderen erhalten. Warum ist das so?

Wir betrachten die Gegenwahrscheinlichkeit, also die Wahrscheinlichkeit, dass niemand sein eigenes Geschenk erhält. Die brauchen wir dann nur noch von 1 abzuziehen.

Bei N Teilnehmern gibt es N! Möglichkeiten, die Geschenke zu verteilen. N! (gesprochen: N Fakultät) ist dabei das Produkt der ersten N Zahlen, also N*(N-1)*(N-2)*...*1. Um zu berechnen, wie viele Möglichkeiten es gibt, ohne dass jemand sein eigenes Geschenk erhält, nutzen wir die sogenannten *fixpunktfreien Permutationen* von N (also alle Permutationen, bei denen es keine Abbildungen auf sich selbst gibt, niemand also sein eigenes Geschenk erhält). Mathematisch wird das ähnlich wie die Fakultät geschrieben: !N

$$!N = N! * \sum_{k=0}^{N}(-1)^{k} * \frac{1}{k!}$$

Die gesuchte Gegenwahrscheinlichkeit ist also die Anzahl dieser fixpunktfreien Permutationen, geteilt durch die Gesamtzahl aller Permutationen und damit:

$$\frac{!N}{N!} = \sum_{k=0}^{N}(-1)^{k} * \frac{1}{k!}$$

Versuchen Sie nicht !N durch N! zu kürzen! Auf der rechten Seite kürzen sich aber die beiden N! raus. Für große N nähert sich die rechte Seite dem Wert 1/e an, e die Euler'sche Zahl, die wir schon kennengelernt haben. Also erhalten wir

$$\frac{!N}{N!} = \sum_{k=0}^{N}(-1)^k * \frac{1}{k!} \approx \frac{1}{e} \approx 0.368$$

Und damit die Gegenwahrscheinlichkeit, die wir ja suchen:

$$1 - 0.368 = 0{,}63$$

Die Wahrscheinlichkeit, dass mindestens eine Person ihr eigenes Geschenk zurückerhält, ist also ca. 63%. Das gilt ab einer Gruppengröße von 6-7 Personen.

Die Mathematik oben übersteigt normales Schulwissen ein bisschen, aber das Ergebnis lässt sich gut anbringen, wenn beim Wichteln mal wieder jemand überrascht ist, dass er sein eigenes Geschenk bekommt. Das darf man zwar nicht zugeben, aber die meisten sind nicht so gut im Schauspielern. Und wenn doch, kann man immer noch erklären, dass es mit einiger Wahrscheinlichkeit irgendeinen im Raum erwischt hat.

Buffons Nadelexperiment

Man zeichne auf ein Blatt Papier mehrere parallele Linien mit konstantem Abstand d. Dann werfe man zufällig Stäbchen mit der gleichen Länge d auf das Papier und zählt, wie viele der geworfenen Stäbchen eine der parallelen Linien schneiden. Man kann das Experiment sehr leicht mit Streichhölzern oder Nadeln nachvollziehen. Das Interessante hier ist, dass die Wahrscheinlichkeit, dass ein Stäbchen eine der Linien berührt $2/\pi$ beträgt. Auch für kürzere oder längere Stäbchen ergeben sich Wahrscheinlichkeiten, in denen jeweils die Zahl π vorkommt. Genaugenommen gilt

$$p \approx \frac{2l}{\pi d}$$

wobei p der Anteil der Versuche ist, bei denen ein Stäbchen eine Linie berührt. l ist die Länge der Stäbchen, d der Abstand der Linien.

Die Kreiszahl hat es also tatsächlich auch in die Wahrscheinlichkeitstheorie geschafft. Wer hätte das gedacht! Mein Respekt vor dieser Zahl ist jedenfalls noch weiter gestiegen.

Der Beweis übersteigt deutlich das normale Schulwissen, daher spare ich ihn mir an dieser Stelle. Erwähnen möchte ich aber, dass man für jedes Stäbchen den Mittelpunkt wählt und das Stäbchen dann um diesen Mittelpunkt rotieren lässt. Daraus ergibt sich ein Kreis, der eine der Geraden schneidet oder berührt, mit den möglichen Winkeln (siehe α im Bild unten) innerhalb dieses Kreises, bei denen das Stäbchen diese Linie entweder schneidet oder eben nicht. Dass dann die Kreiszahl ins Spiel kommt, ist schon nicht mehr so erstaunlich.

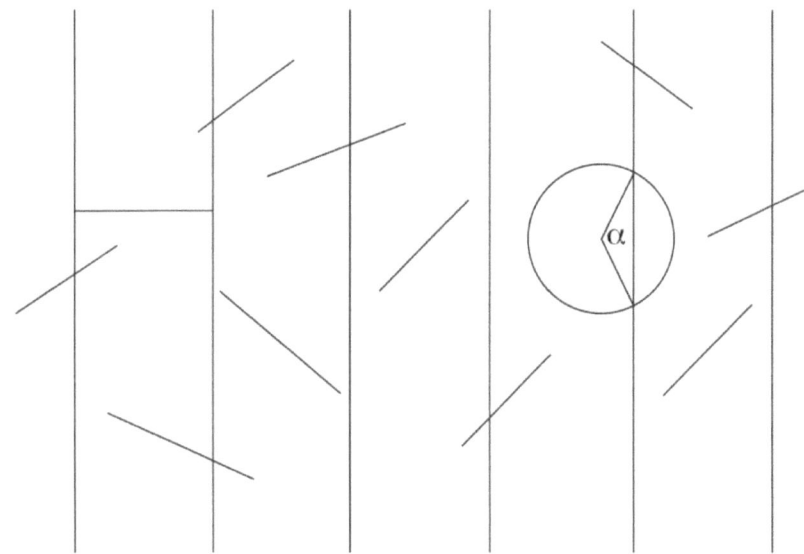

Der Mathematiker Georges-Louis Leclerc de Buffon hat dieses Problem im 18. Jahrhundert untersucht. Damals war es wohl ein beliebtes Spiel, eine Münze auf einen gefliesten Boden zu werfen und zu wetten, ob sie eine Ritze berührt oder nicht.

Heute gibt es eine ganze Klasse von solchen Zufallsexperimenten, die allgemein unter dem Begriff *Monte-Carlo-Simulation* bekannt wurden. Finanzinstitute nutzen diese Simulationen z.b. um die Entwicklung von Investitionen unter sich ändernden äußeren Bedingungen (Umweltkatastrophen, Börsen Crashs, Pleitewellen usw.) zu untersuchen. Das Werfen von Stäbchen auf ein Blatt Papier überlassen sie aber Computern.

Ein Ereignis mit Wahrscheinlichkeit null

Was haben wir in der Schule gelernt? Ein Ereignis mit Wahrscheinlichkeit null tritt nie auf, genauso wie ein Ereignis mit Wahrscheinlichkeit 1 immer auftritt.

Wählen Sie zufällig eine reelle Zahl aus dem Intervall [0;1] aus. Da gibt es unendlich viele, also hat jede von ihnen die Wahrscheinlichkeit Null.

$$P(E) = \frac{Anzahl\ der\ günstigen\ Ergebnisse}{Anzahl\ der\ möglichen\ Ergebnisse}$$

Kann man natürlich hier nicht direkt ausrechnen, da würde man durch ∞ teilen, und das ist keine Zahl. Wir können aber den Grenzwert bilden, indem wir den Nenner gegen ∞ laufen lassen und erhalten für jede reelle Zahl im Intervall [0;1] die Null.

Trotzdem können wir selbstverständlich jede Zahl auswählen. Schon sind wir wieder bei abstrusen Ergebnissen, wenn wir uns in der Unendlichkeit befinden. Das führt uns direkt zum nächsten Kapitel:

Unwahrscheinlichkeiten

Wann wird ein sehr unwahrscheinliches Ergebnis unmöglich?

Nehmen wir das berühmte Beispiel eines Affen, der wahllos auf einer Schreibmaschine tippt. Er hat keine Ahnung, was er da schreibt, aber er macht das unendlich lange. Dann müsste er jeden möglichen Text unendlich oft geschrieben haben, unter anderen auch die gesammelten Werke von Shakespeare.

Kann man einen Kugelschreiber so ausbalancieren, dass er auf seiner Spitze steht?

Kann man eine Münze eine Million Mal werfen und immer nur Zahl bekommen?

Na ja, theoretisch alles möglich, aber extrem unwahrscheinlich. Mehrere Mathematiker und Physiker sind der Frage nachgegangen, ab wann ein Ereignis mit extrem geringer Wahrscheinlichkeit als unmöglich gilt. Der französische Wirtschaftsmathematiker Courtot bot eine Unterscheidung an zwischen physikalischer und praktischer Sicherheit, bei der ein Ausgang, der physikalisch möglich aber sehr unwahrscheinlich ist, praktisch nicht eintreten würde. Diese Unterscheidung ist als Courtot Prinzip bekannt.

Der Mathematiker Borel untersuchte, wann ein Ereignis praktisch sicher ist. Er zeigte, dass eine unendliche Folge von unabhängigen Ereignissen alle möglichen Kombinationen produziert, wenn die Summe ihrer Wahrscheinlichkeiten unendlich ist.

Dass der Affe also die Shakespeare Werke erzeugt, ist tatsächlich möglich. Dass er dafür unendlich viel Zeit hat, eher nicht.

Borels Ergebnisse werden oft auf den Aktienmarkt angewendet, wo chaotische Elemente so stark sein können, dass Zufallswahlen oft das bessere Resultat erzielen. Ob den Brokern das klar ist und ob sie sich daran halten? Man hat manchmal den Eindruck.

9 - Axiome und Beweise

Zugegeben, mit mathematischen Beweisen anzugeben ist richtig schwierig. Ich habe lange gezögert, dieses Thema hier aufzunehmen. Aber es ist nun mal die Königsdisziplin der Mathematik und daher naturgemäß schwierig. Beweise sind ästhetisch, oft wunderbar in ihrer Kürze, aber meistens mühsam. Wir werden sehen, dass man mit Beweisen 1 Million US Dollar verdienen kann und dass $\sqrt{2}$ zum Glück eine irrationale Zahl ist, denn sonst könnte man sie unendlich oft kürzen. Und eine Kettenreaktion in der Mathematik ist etwas Gutes.

Das Wort *Beweis* taucht in vielen anderen Bereichen auf.

In Rechtssystemen von Demokratien spricht man oft von der Unschuldsvermutung. Das bedeutet, dass ein Vorwurf lückenlos bewiesen werden muss, damit es zu einer Verurteilung kommt. Beweise sind dabei oft auf bekannten Erfahrungen aufgebaut, z.B. der Erfahrung, dass keine zwei Menschen die gleichen Fingerabdrücke oder die gleiche DNA haben. Auch werden Geständnisse meist als solche Beweise anerkannt, obwohl es in der Vergangenheit falsche Geständnisse gab. Da kommen dann schon Zweifel am Begriff *lückenlos* auf. Beweise, die auf reinen Indizien beruhen, sind auch nur mit einer gewissen Wahrscheinlichkeit richtig.

In vielen anderen Disziplinen begnügt man sich mit genügend großen Test oder Messreihen, um etwas als wahr anzusehen. Ein neues Medikament wird sehr oft an Tieren und Menschen getestet, um seine Wirkung und Verträglichkeit nachzuweisen. Irgendwann aber hört man auf, sagen wir nach Tests an 5.000 Menschen. Wahrscheinlich ist die Wirkung bei Patient 5.001 dann immer noch so gut, aber absolut sicher ist das nicht.

Die Mathematik ist da viel strenger. Ein Beweis muss für alle behaupteten Fälle erbracht werden, auch wenn das unendlich viele sind. Das macht es schwieriger, aber auch interessant. Ein solcher

Beweis ist eine Reihe von logischen Schlussfolgerungen, die eine Behauptung auf als wahr Angenommenes zurückführen. Behauptungen, die mathematisch bewiesen wurden, werden im Allgemeinen *Sätze* genannt.

Das Gebäude der Mathematik wurde in den letzten Jahrhunderten Stück für Stück auf solchen bewiesenen Sätzen aufgebaut. Die Tatsache, dass jeder dieser Sätze für jeden Fall logisch bewiesen wurde, macht das Gebäude so stabil. Man kann sich darauf verlassen, dass jeder Satz immer und für alle abgedeckten Fälle wahr ist.

Aber wo fängt man an? Der erste Satz in der Mathematik, der jemals bewiesen wurde, konnte sich ja auf keinen anderen bereits bewiesenen Satz beziehen. Hier kommen Axiome ins Spiel:

Das Euklidische Axiomensystem

Der Ausweg aus diesem Henne-Ei Problem sind ein paar Sätze, die so offensichtlich richtig sind, dass man sie als wahr annimmt, ohne dass sie eines Beweises bedürfen. Diese Sätze nennt man *Axiome*. Es sind sie Glaubenssätze der Mathematik, das Fundament, auf dem das ganze Gebäude aus Sätzen ruht. Zusätzlich zu diesen Axiomen gibt es *Postulate*. Alle Sätze basieren auf diesen Axiomen und Postulaten, daher sollte man sich sehr sicher sein, dass diese wirklich stimmen und es sollten auch nicht allzu viele sein und keines davon sollte aus den anderen ableitbar sein. Der Mathematiker Euklid begann um 300 vor Christus die gesamte Mathematik, die bis dahin entwickelt wurde, zu systematisieren. Das Resultat war eine Sammlung von 13 Büchern mit dem Titel *Die Elemente*.

Als Teil dieser Systematisierung führte er das Euklidische Axiomensystem ein. Es besteht aus jeweils 5 Axiomen und Postulaten:

1. Wenn A=B und B=C sind, dann ist auch A=C
2. Wenn A=B und C=D, dann ist auch A+C = B+D
3. Wenn A=B und C=D, dann ist auch A-C = B-D
4. Wenn A und B übereinstimmen, dann sind sie gleich

5. Das Ganze von A ist größer als ein Teil davon

Die Postulate sind eher Verfahren, die man anwenden kann und von denen man annimmt, dass sie immer funktionieren. Auch sie sind eigentlich offensichtlich.

1. Zwischen zwei beliebigen Punkten kann man eine Strecke (gerade Linie) ziehen
2. Jede Strecke kann man unendlich lange verlängern
3. Zu jedem vorgegebenen Mittelpunkt und Radius kann man einen Kreis zeichnen
4. Alle rechten Winkel sind zueinander gleich
5. Wenn eine Gerade zwei andere Geraden schneidet und die Summe der beiden Schnittwinkel kleiner als zwei rechte Winkel sind, dann schneiden sich die zwei Geraden irgendwo seitlich davon.

Alle mathematischen Sätze sind bewiesen durch eine Abfolge logischer Schritte, die nur diese Axiome und Postulate und andere Sätze, die bereits dadurch bewiesen wurden, verwenden dürfen. Euklid schaffte es, in die Mathematik eine Ordnung zu bringen, die im Wesentlichen heute noch gilt.

Übrigens, das berühmte q.e.d. (quod erat demonstrandum – was zu beweisen war) am Ende eines Beweises stammt ebenfalls aus Euklids Elementen und bezeichnet die Vollständigkeit des Beweises.

Es gibt in anderen Bereichen der Mathematik inzwischen andere Axiome, z.B. sieben Axiome in der Arithmetik, darunter das Kommutativgesetz $m+n = n+m$, $n*m=m*n$. Alle Axiomensysteme folgen dem euklidischen Prinzip, indem alle Sätze darauf aufbauen.

Aber wie beweist man Behauptungen, für die es unendlich viele Fälle gibt? Dazu gibt es nicht die eine Antwort und schon gar nicht ein Rezept, das für alle Fälle gilt. Es erfordert Fantasie und Erfahrung, sehr oft das Durchleiden zahlreicher Fehlversuche, bis man endlich zum Ziel gelangt. Je größer die Mühsal, desto süßer der Triumph.

Ich führe hier zwei Methoden an, die bereits in der Schule gelehrt werden.

Vollständige Induktion

Beispiel: Ich möchte die Behauptung beweisen, dass die Summe der ersten n ungeraden natürlichen Zahlen n^2 ergibt.

Das Problem ist, dass es unendlich viele n gibt, nämlich die Hälfte aller natürlichen Zahlen. Es reicht nicht, die ersten 10.000 Zahlen zu untersuchen und dann anzunehmen, es werde für den Rest wohl auch stimmen. Solch ein „Beweis" wäre nicht vollständig.

Also behilft man sich mit folgenden zwei Schritten:

1. Ich beweise es für den ersten Fall – hier für n=1. Dieser Schritt heiß *Induktionsverankerung*.
2. Wenn es für ein beliebiges n stimmt, dann zeige ich, dass es auch für seinen Nachfolger n+1 stimmt. Diesen Schritt nennt man *Induktionsschritt*.

Wenn es also für die 1 stimmt, dann auch für die 2, dann auch für die 3, usw. Man löst sozusagen eine unendliche Kettenreaktion aus, die alle Zahlen erreicht und beweist es somit für alle natürlichen Zahlen, obwohl es unendlich viele davon gibt. In unserem Beispiel geht das wie folgt:

Behauptung: $\sum_{k=1}^{n}(2k - 1)$ = n^2 für alle natürlichen Zahlen n.

Induktionsverankerung: $\sum_{k=1}^{1}(2k - 1)$ = (2*1-1) = 1 = 1^2. Damit haben wir gezeigt, dass die Behauptung für die erste Zahl stimmt. Das war nicht so schwierig.

Induktionsschritt: Jetzt nehmen wir an, dass $\sum_{k=1}^{n}(2k - 1)$ = n^2 für ein beliebiges n stimmt und zeigen dann, dass auch $\sum_{k=1}^{n+1}(2k - 1)$ = $(n+1)^2$ stimmen muss:

$\sum_{k=1}^{n+1}(2k-1) = \sum_{k=1}^{n}(2k-1) + (2(n+1)-1) = n^2 + 2n + 1 = (n+1)^2$

In der Kürze liegt die Würze, nach dem ersten Gleichheitszeichen wurde nur die Summe 1 bis n+1 auseinandergezogen in die Summe 1 bis n plus den n+1-ten Summanden. Für die Summe 1-n hatten wir schon angenommen, dass die Behauptung stimmt, daher können wir dafür n^2 einsetzen. Im letzten Schritt wurde dann die 1. Binomische Formel verwendet. Das darf man tun, weil die ja eine bereits bewiesene Tatsache ist.

Durch diese Kettenreaktion habe ich also wirklich für alle Zahlen gezeigt, dass die Behauptung stimmt.

Aber Vorsicht, so einfach dieses Prinzip ist, so tückisch kann es werden.

Mathematiker erzählen gerne Witze über Physiker. Schlussfolgerungen basierend auf Messreihen sind dabei quasi eine unvollständige Induktion.

Ein Physiker möchte beweisen, dass alle ungeraden Zahlen Primzahlen sind. Er startet die Messreihe: 3 – stimmt, 5 – stimmt, 7 – stimmt, 9 – Messfehler, 11-stimmt, 13-stimmt. Messreihe abgeschlossen, Behauptung bewiesen.

Sorry, liebe Physiker, ich weiß aber, dass ihr genauso viele Witze über uns macht, daher werdet ihr mir verzeihen.

Indirekte Beweise

Indirekte Beweise können helfen, wenn es zu einer Behauptung eine Gegenbehauptung gibt, sodass nur eine wahr sein kann und die andere zwangsläufig falsch sein muss. Kurz gesagt, man behauptet das Gegenteil und zeigt, dass das nicht sein kann. Das tut man, indem man wie bei einem logischen Beweis die gegenteilige Behauptung zum Widerspruch führt. Beispiel gefällig?

Ich will beweisen, dass $\sqrt{2}$ eine irrationale Zahl ist. Nun weiß ich recht wenig über irrationale Zahlen, außer dass sie nicht rational sind. Ich behaupte also das Gegenteil:

Behauptung: $\sqrt{2}$ ist rational.

Beweis: $\exists$ p, q $\in$ ℕ, q≠0, p und q teilerfremd, so dass $\sqrt{2} = \frac{p}{q}$

Dann ist $2q^2 = p^2$ und damit p^2 eine gerade Zahl. Dann ist aber auch p eine gerade Zahl, denn die Primfaktorenzerlegung von p^2 ist das Produkt der Primfaktoren von p mit sich selbst.

Formen wir den Bruch anders um, so erhält man: $q^2 = \frac{1}{2} p^2$. P^2 ist gerade, wie wir oben gesehen haben. Jeder Primfaktor in p^2 kommt aber doppelt vor, also auch die 2. Eine kürzt sich raus gegen $\frac{1}{2}$, mindestens eine bleibt übrig. Also ist q^2 auch gerade und damit auch q.

Wir haben (hätten) also einen Bruch, der sich unendlich oft durch 2 kürzen lässt und das wäre der Albtraum eines jeden Schülers. Das kann schlichtweg nicht sein, es verstößt gegen die Eigenschaft der Teilerfremdheit. Also haben wir das Gegenteil unserer ursprünglichen Behauptung zu einem Widerspruch geführt. Damit ist das Gegenteil falsch, die Behauptung damit richtig.

Der Satz von Fermat

„Ich habe einen wahrhaft wunderbaren Beweis entdeckt, doch ist dieser Rand hier zu schmal, um ihn zu fassen." Diesen Satz hat der Mathematiker Pierre de Fermat an den Rand eines Mathebuches gekritzelt. Das Problem dabei: Dieser Beweis wurde nie gefunden. Worum gings?

Wir erinnern uns an die Schulzeit:

$$a^2+b^2=c^2$$

Diese Gleichung stammt nicht von Fermat, sondern von Pythagoras und beschreibt das Verhältnis der Quadrate über den Seiten eines rechtwinkligen Dreiecks. Für diese Gleichung gibt es ganzzahlige Lösungen für a, b und c. 3, 4 und 5 zum Beispiel, da gilt $3^2+4^2 = 5^2$. Davon gibt es unendlich viele.

Fermat nun äußerte die Vermutung, dass es für die Gleichung

$$a^n+b^n=c^n \text{ für } n>2$$

keine ganzzahligen Lösungen mehr gibt. Nun ist es immer schwierig zu beweisen, dass es etwas nicht gibt und das ist auch hier der Fall. So einfach die Vermutung aussieht, so schwierig ist es, sie zu beweisen. Genauer gesagt, dauerte es 300 Jahre, bis ein anerkannter Beweis gefunden wurde und die Vermutung von Fermat dann endlich zum Satz von Fermat wurde. Manche sprechen hier auch von Fermats letztem Satz.

Der Beweis wurde letztendlich von einem britischen Mathematiker namens Andrew Wiles geliefert. Wie so oft, wenn man beweisen soll, dass etwas nicht existiert, war dieser Beweis ein indirekter Beweis. Man nimmt also an, es gäbe eine Lösung und führt diese Annahme dann zu einem Widerspruch. (Für gehobene Ansprüche an Angeberei: In diesem Fall widersprach diese Annahme der Taniyama-Shimura-Vermutung, dass jede elliptische Kurve modular ist).

Jedenfalls ist dieser Beweis für Durchschnittsmathematiker wie mich nur sehr schwer verständlich. Nun war Fermat sicher ein begnadeter Mathematiker, aber diesen Beweis von Wiles kann er nicht gemeint haben. Schließlich wurde die zugrunde liegende Taniyama- Shimura-Vermutung erst 1986 bewiesen. Was also steckt hinter Fermats Bemerkung eines wunderbaren Beweises?

- Hat er wirklich einen Beweis gefunden, der mit den damaligen Mitteln der Mathematik auskam und der nie aufgeschrieben wurde oder verloren gegangen war? Und der war so genial, dass in den folgenden 300 Jahren kein noch so brillanter Mathematiker darauf gekommen ist?

- Hat er geglaubt, einen Beweis gefunden zu haben, der aber fehlerhaft war? Hat er sich also einfach geirrt? Wenn ja, hat er seinen Irrtum selbst bemerkt und aus Scham darüber geschwiegen? Warum wurde nie ein Aufschrieb darüber gefunden?
- Hat er gelogen? Vielleicht ist er bei dem Versuch eines Beweises gescheitert und war im Grunde seines Herzens ein Angeber? Dann hätte ihm dieses Buch hier gefallen.

Man weiß es nicht und wird es vermutlich nie erfahren. Es sein denn, man fände tatsächlich noch eine Aufzeichnung von Fermat, was nach über 300 Jahren nicht sehr wahrscheinlich ist.

Jedenfalls bekam Andrew Wiles für seinen Beweis den Abel Preis verliehen, einer der größten mathematischen Auszeichnungen. Der ist immerhin mit rund €640.000,- dotiert. Da sag noch einer, dass Mathematik eine brotlose Kunst ist.

Die Goldbachsche Vermutung

Eigentlich eine ganz einfache Behauptung:

Jede gerade Zahl ist die Summe zweier Primzahlen.

Also 6=3+3, 18=7+11. Kann ja nicht so schwer zu beweisen sein. Ist es aber. Genauer gesagt hat noch keiner einen Beweis geliefert. Per Computer hat man viele Zahlen untersucht, Stand heute bis $4*10^{18}$. Bis dahin stimmt die Vermutung, aber für die restlichen unendlich vielen Zahlen fehlt noch der Beweis. Daher heißt die ja auch Vermutung und nicht Satz.

Wenn Sie also in der Szene berühmt werden wollen, hier ist Ihre Chance!

Räume, die es gar nicht gibt

Vorsicht beim Angeben mit diesem Thema. Die meisten Leute, die nichts mit Mathematik zu tun haben, werden Sie spätestens hier verlieren. Es wird jetzt sehr abstrakt und schwer verdaulich.

Wir leben in einem dreidimensionalen Raum. Es gibt vorne/hinten, rechts/links und oben/unten. In jede dieser Richtungen geht es gerade weiter. Diese drei Dimensionen bestimmen unseren Alltag, in denen fühlen wir uns wohl. Wir wissen, dass parallele Geraden sich nicht schneiden. Zum Glück, denn sonst hätten Züge ein Problem mit ihren Schienen. Wir wissen, dass die Winkelsumme in einem Dreieck immer 180° beträgt und wir können Flächen und Volumen berechnen. Alles gut.

Nur leider nicht richtig. Denn eigentlich leben wir auf einer Kugel, wie wir seit ein paar Jahrhunderten wissen. Da ist nicht alles gerade, sondern eher krumm. Das stört uns im Alltag kaum, denn wenn wir zum Supermarkt oder zur Arbeit fahren, dann vernachlässigen wir zu Recht die Erdkrümmung und wenn wir ein Haus bauen, dann passen wir es auch nicht der Kugelform der Erde an. Wenn wir aber die kürzeste Strecke von Hamburg nach Rio de Janeiro suchen, dann ist es eben nicht eine Gerade, denn die würde ja mitten durch die Erde gehen. Da spielt es dann schon eine Rolle.

Der dreidimensionale Raum, in dem wir so gut zurechtkommen, heißt *Euklidischer Raum*. Von Euklid hatten wir es schon einige Male in diesem Buch. Der hat das Axiomensystem als erster definiert. Unter anderem hat er ein Postulat aufgestellt, das besagt, dass es zu jeder Gerade und einem Punkt außerhalb dieser Geraden genau eine parallele Gerade durch diesen Punkt gibt. Das macht Sinn, denn deswegen können wir Schienen bauen und der Zug entgleist nicht.

Nun gibt sich der Mathematiker nicht zufrieden damit, dass es nur drei Dimensionen in Euklidischen Räumen gibt und schon gar nicht, dass es nur Euklidische Räume gibt. Nur weil unsere angeborenen Sinne sich an drei Dimensionen mit geraden Strecken gewöhnt haben, heißt das nicht, das man nicht mit mehr als drei rechnen kann. Wie wär's mit 4 Dimensionen (die braucht man tatsächlich um Bewegungen in 3 Dimension erklären zu können) oder 11? Da wir gerne verallgemeinern, betrachten wir also Euklidische Räume mit n Dimensionen: $\mathbb{R}^n$, $n \in \mathbb{N}$. Damit sind dann alle Möglichkeiten abgedeckt.

Und weil wir schon dabei sind, reden wir über nicht-Euklidische Räume. Viele von denen gibt es nicht wirklich, aber sie eignen sich hervorragend, um gewisse Phänomene mathematisch beschreiben und lösen zu können.

Einen nicht-Euklidischen Raum, den wir tatsächlich erleben, ist eine Kugel. Auf der leben wir. Eine solche Kugel nennt man in der Mathematik einen elliptischen Raum (für gehobene Angeberei: das sind Räume mit positiver Krümmung, eine Kugel ist nur einer davon und der nennt sich auch sphärischer Raum). Da sind Linien nicht gerade, sondern gebogen, und alle „Geraden" schneiden sich. Die Meridiane auf unserer Erde sind solche Geraden und die schneiden sich in den Polen. Untersuchung von Parallelität entwickelt sich zum Albtraum, denn im herkömmlichen Sinne von Euklid gibt es keine parallelen Geraden auf einer Kugel. Dreiecke haben eine Winkelsumme von mehr als 180° und die ist nicht konstant, sondern abhängig von ihrer Größe. Es gibt Dreiecke mit drei rechten Winkeln, also Winkelsumme gleich 270°, z.B. solche, die zwei Meridiane, die im Pol einen rechten Winkel haben mit dem Äquator bilden.

Im Elliptischen Raum gelten alle Axiome und Postulate Euklids außer dem Parallelenpostulat. Darüber gab es sowieso Streit, weil viele Mathematiker daran zweifelten, dass es ein Postulat sein sollte. Sie versuchten vergebens, es aus anderen Postulaten herzuleiten. Ein Zitat eines Mathematikers lautet: „Versuche dich nicht an den Parallelen, ich bin diesen Weg gegangen. Ich habe die bodenlose Finsternis vermessen und alles Licht und die Freude meines Lebens sind in ihr vergangen." Dieses Zitat sollten Sie auswendig lernen. Es zeigt, dass Mathematiker einen Sinn für Poesie haben und das Sie und ich nicht die Einzigen sind, die sich mit scheinbar einfachen Dingen sehr schwertun.

Von solchen nicht-Euklidischen Räumen gibt es ziemlich viele und keine von denen lässt sich intuitiv erfassen. Leben auf der Kugel ist da noch ziemlich nahe dran. Wie wär's mit *Hyperbolischen Räumen*, so wie im vorderen Teil einer Trompete. Hier gibt es in jedem Punkt unendlich viele Geraden, die sich alle nicht schneiden. Man sieht also, es kann beliebig abstrakt werden.

In meinem Studium habe ich viel mit Sobolev Räumen zu tun gehabt und eine Weile gebraucht, um zu verstehen, dass man diese Räume nicht verstehen kann. Man kann sie nicht zeichnen und schon gar nicht intuitiv erfassen. Man muss sie als ein künstliches Konstrukt verstehen, mit dem man auf höchst abstrakte Weise Dinge berechnen und beweisen kann. Wenn man erst einmal über diese Hürde gesprungen ist, läuft der Rest des Mathestudiums wie von alleine.

10 - Wo ist der Fehler

Eine wunderbare Art, mit Mathe anzugeben sind Fehler, mit denen man andere Leute aufs Glatteis führt. Dazu kann man sie zu Fehlern verleiten oder selbst eine mathematische Berechnung anführen, die schlicht falsch ist. Manchmal ist es dann gar nicht so einfach, diesen Fehler zu entdecken. Fangen wir mit ein paar einfachen Beispiel an:

Stellen Sie doch jemandem die folgende Aufgabe und bitten Sie diese Person, es möglichst schnell im Kopf zu berechnen:

$$9 * 4 : 4 * 9$$

Wenn Sie das oft genug mit verschiedenen Leuten machen, werden Sie folgendes erhalten:

- In 38% der Fälle: 1
- In 60% der Fälle: 81
- In 2% der Fälle verweigert die Person die Mitarbeit oder erhält ein anderes Ergebnis

Ok, die Prozente sind eine grobe Schätzung und hängen stark vom Publikum ab. Im ersten Fall wurde gerechnet: 9*4:4*9 = 36:36 = 1. Das ist natürlich verlockend, denn 9*4 und 4*9 ergeben jeweils 36 und das kürzt sich dann wunderbar zu einer 1. Schließlich ist die Reihenfolge der Berechnung egal, es gilt das Kommutativgesetz. Das Verlockende ist aber nicht immer das Richtige, denn hier hat man schlicht die hintere 9 in den Nenner verfrachtet, also aus dem *9 ein :9 gemacht. Das Kommutativgesetz gilt halt nur bei Plus und Mal.

Im zweiten Fall wurde entweder von links nach rechts durchgerechnet (9*4=36; 36:4=9; 9*9=81) oder - geschickter - die 4 in der Mitte herausgekürzt und dann direkt 9*9=81 gerechnet. Das Ergebnis ist richtig, mein Taschenrechner kommt auch darauf.

Die Interpretation des dritten Falls überlasse ich Ihnen.

Eine ähnliche Aufgabe geht wie folgt:

-2:4(4-2) | Ausmultiplizieren der Klammer:

= -2:(16-8) | Klammer ausrechnen

= -2:8

=−1/4

Auch hier wurde der Ausdruck in der Klammer heimlich in den Nenner verschoben. Die richtige Antwort hier wäre -1 gewesen.

Gerne tritt auch im folgenden Fall Verwirrung auf:

$$\frac{99^2-99}{99} = \frac{9\!\!\!/9^2-9\!\!\!/9}{9\!\!\!/9} = 99$$

Man kürzt die 99 unten also gegen die zweite oben und das Quadrat bei der ersten 99 oben. Viele vermuten, der Fehler liegt darin, dass man aus einer Summe kürzt. Das aber ist hier erlaubt, da ich ja jeden Summanden kürze. Was vergessen wurde, ist die 1, die beim Kürzen der zweiten 99 übrig bleibt. Erinnern Sie sich an die versteckte Eins? Das richtige Ergebnis ist also 99-1 = 98.

Besonders beliebt sind Rechnungen, aus denen aus etwas offensichtlich Richtigem etwas offensichtlich Falsches resultiert, meistens so etwas wie 0=1 oder 2=3. Man mache sich klar, was passieren würde, wenn diese Rechnungen stimmen würden. Wenn zwei unterschiedliche natürliche Zahlen gleich wären, dann wären alle natürlichen Zahlen gleich. Kann man sich sehr leicht über eine vollständige Induktion klar machen, wie sie in Kapitel 9 erklärt wurde. Dann wären aber alle Zahlen gleich. Dann wäre 1 Meter dasselbe wie ein Lichtjahr, 90º Celsius das gleiche wie -30º, €100,- währen dann auch eine Million Euro. Das Ende der Mathematik und damit das Ende der Physik, jeglicher Wirtschaftsordnung und des gesamten Weltalls. Es ist also wirklich besser, wir finden die Fehler in den folgenden Rechnungen sonst...

Die Auflösung für alle Teile folgt später in diesem Kapitel, erst sollten Sie selber versuchen, den Fehler zu finden. Hier wurden natürlich überall ein paar Nebelkerzen gezündet, um es komplizierter aussehen zu lassen als nötig. An dieser Stelle überlasse ich es Ihnen, ob Sie noch weitere Nebelkerzen hinzufügen. Da ist der Fantasie keine Grenze gesetzt, sie ist sozusagen unendlich.

Die Zerstörung der natürlichen Zahlen Teil 1

$2 = \sqrt[6]{64}$ $\quad$ | stimmt offensichtlich; $64 = (-8)^2$

$2 = \sqrt[6]{(-8)^2}$ $\quad$ | Potenzregel anwenden: $\sqrt[6]{a} = a^{1/6}$

$2 = (-8)^{\frac{2}{6}}$ $\quad$ | 2/6 kürzen

$2 = (-8)^{\frac{1}{3}}$ $\quad$ | $\frac{1}{3}$ im Exponenten zu $\sqrt[3]{}$ umwandeln

$2 = \sqrt[3]{-8}$ $\quad$ | Wurzel ausrechnen

$2 = -2$ $\quad$ | oje!

Die Zerstörung der natürlichen Zahlen Teil 2

Seien a=1, b=2, c=3 $\quad$ | so weit nur Definitionen

(a+b) = c $\quad$ | (1+2)=3, stimmt. *(a-b)

(a+b)(a-b) = c(a-b) $\quad$ | 3. Binomische Formel

$a^2-b^2 = c(a-b)$ $\quad$ | rechte Seite ausmultiplizieren

$a^2-b^2 = ac-bc$ $\quad$ | -ac+b^2

$a^2 - ac = b^2-bc$ $\quad$ | +ab

$a^2+ab-ac=b^2+ab-bc$ $\quad$ | a links und b rechts ausklammern

a(a+b-c)=b(a+b-c) $\quad$ | :(a+b-c)

a = b $\quad$ | Zahlen aus der Definition einsetzen

1=2 $\quad$ | oje!

Die Zerstörung der natürlichen Zahlen Teil 3

Folgende Gleichung soll gelöst werden

$x^2 * 2^{x+1} = 2^{x-1}$ | Potenzsatz

$x^2 * 2^x * 2 = 2^x * 2^{-1}$ | $:2^x$

$x^2 * 2^1 = 2^{-1}$ | $:2^1$

$x^2 = 2^{-1} : 2^1$ | Potenzsatz

$x^2 = 2^0 = 1$ | Wurzel ziehen

$x = \pm 1$

Man mache die Probe für x=1:

$1^2 * 2^{1+1} = 2^{1-1}$

$4 = 1$, oje!

Die Zerstörung der natürlichen Zahlen Teil 4

$(-1)^n = (-1)^{2*\frac{n}{2}}$ | Potenzsatz

$(-1)^n = ((-1)^2)^{n/2}$

$(-1)^n = 1^{n/2}$

$(-1)^n = 1$

Damit für ungerade n: -1 = 1; oje!

Die Zerstörung der natürlichen Zahlen Teil 5

$-20 = -20$ | offensichtlich richtig

$16 - 36 = 25 - 45$ | Terme umschreiben

$4^2 -2*4*\frac{9}{2} = 5^2 -2*5*\frac{9}{2}$ | $+ (\frac{9}{2})^2$

$4^2 -2*4*\frac{9}{2} + (\frac{9}{2})^2 = 5^2 -2*5*\frac{9}{2} + (\frac{9}{2})^2$ | 2. Binomische Formel

$(4 - \frac{9}{2})^2 = (5 - \frac{9}{2})^2$ | $\sqrt{}$

$4 - \frac{9}{2} = 5 - \frac{9}{2}$ | $+ \frac{9}{2}$

$4 = 5$ | oje!

Die Zerstörung der natürlichen Zahlen Teil 6

$1 = \sqrt{1}$ | offensichtlich richtig.

$1 = \sqrt{(-1)(-1)}$ | $\sqrt{a*b} = \sqrt{a} * \sqrt{b}$

$1 = \sqrt{(-1)} * \sqrt{(-1)}$ | $i = \sqrt{-1}$

$1 = i*i$

$1 = i^2$ | $i^2 = -1$

$1 = -1$ | oje!

Auflösung

Die Zerstörung der natürlichen Zahlen Teil 1

Vorsicht bei Potenzgesetzen, wenn die Basis negativ ist. In diesem Fall habe ich die 6. Wurzel umgeschrieben und so einen Exponenten 1/6 bekommen. Grundsätzlich ok, nur mache ich damit aus einem geraden Exponenten (der 2) einen ungeraden Exponenten (2/6 oder auch 1/3). Damit schmuggle ich sozusagen ein Minus in den Term, das vorher nicht da war. Potenzregeln gelten bei negativer Basis nicht immer, da ändert sich das Vorzeichen schon mal ungewollt.

Die Zerstörung der natürlichen Zahlen Teil 2

Wenn Sie das Buch bisher sorgfältig gelesen haben, dann haben sich Ihre Nackenhaare aufgestellt, als ich im vorletzten Schritt durch a+b-c geteilt habe. Sie haben sofort an Singularitäten und schwarze Löcher gedacht. Gut so, denn a+b-c = 1+2-3 = 0 und es ist nie gut durch Null zu teilen. Hier sieht man mal wieder, dass man die ganze Mathematik zerstört, wenn man das tut.

Die Zerstörung der natürlichen Zahlen Teil 3

Na ja, das war ein bisschen einfach zu finden. $2^{-1} : 2^1$ ist eben nicht 2^{-1+1}, sondern $2^{-1} * 2^{-1} = \frac{1}{4}$. Die Lösung der Gleichung ist also $x_{1/2} = \pm 1/2$ und die hält dann auch der Probe Stand.

Die Zerstörung der natürlichen Zahlen Teil 4

Hier habe ich im zweiten Schritt eine Klammer gesetzt und damit die Reihenfolge der Operationen geändert. Während bei $(-1)^{2*\frac{n}{2}}$ zunächst der Exponent berechnet wird und damit wieder $(-1)^n$ rauskommt, wird bei $((-1)^2)^{n/2}$ zuerst die Klammer berechnet. Die macht das Vorzeichen kaputt. Man erinnert sich an die Wertigkeit der Operationen. Von schwach bis stark: Strich – Punkt – Exponent – Klammer.

Die Zerstörung der natürlichen Zahlen Teil 5

Auch wenn die vorletzte Zeile schon komisch aussieht, sie ist noch richtig. Wenn man die Klammern ausrechnet, erhält man

$$(4 - \frac{9}{2})^2 = (5 - \frac{9}{2})^2$$

$$(-\frac{1}{2})^2 = (\frac{1}{2})^2$$

und das ist beide Male ¼. Schief gehts, wenn ich dann die Wurzel ziehe. Man erinnert sich an die Schule: $\sqrt{a^2} = |a|$. Hätte ich die Betragstriche hinzugefügt, wie man es gelernt hat, dann stünde dort

$$|4 - \frac{9}{2}| = |5 - \frac{9}{2}|$$

und die Mathematik ist wieder gerettet.

Die Zerstörung der natürlichen Zahlen Teil 6

Es gilt zwar $i^2 = -1$, aber wenn wir daraus schließen, dass $i = \sqrt{-1}$ gilt, müssen wir die Definition und die Rechenregeln für die Wurzelfunktion neu definieren. Siehe dazu das Kapitel über unmögliche Zahlen. Die Wurzelfunktion $\sqrt{x}$ für $x \in \mathbb{R}$, $x \geq 0$ ist aber definiert als das nicht-negative Ergebnis y, für das gilt: $y^2 = x$. Im reellen Zahlenraum dürfte man die Wurzel im zweiten Schritt trennen, denn

$$\sqrt{a * a} = \sqrt{a} * \sqrt{a}, \text{ für } a \in \mathbb{R}$$

Ähnliches gilt für die Potenzregeln:

$$a^n * a^m = a^{n+m} \text{ sowie } a^n * b^n = (a*b)^n \text{ für } a, n, m \in \mathbb{R}$$

Würde man die auf $\sqrt{-1}$ anwenden, so erhielte man:

$$\sqrt{-1} * \sqrt{-1} = (-1)^{\frac{1}{2}} * (-1)^{\frac{1}{2}} = -1^{\frac{1}{2}+\frac{1}{2}} = -1$$

$$\sqrt{-1} * \sqrt{-1} = (-1)^{\frac{1}{2}} * (-1)^{\frac{1}{2}} = ((-1) * (-1))^{\frac{1}{2}} = 1^{\frac{1}{2}} = 1$$

und damit wieder 1 = -1.

Daher darf man im zweien Schritt die Wurzeln nicht trennen, diese Regel gilt in den Komplexen Zahlen so nicht. Mal sehen, wer von Ihren Bekannten diesen Fehler findet.

Fazit

Fehlerhafte Mathematik kann durchaus zur Unterhaltung beitragen und eignet sich - dosiert und beim richtigen Publikum eingesetzt - durchaus zum Angeben. Nachdem die anderen mehr oder weniger aufs Glatteis geführt wurden, ist es immer wieder schön zu spekulieren, was denn ein Ergebnis wie 4=5 für Konsequenzen hätte. Ein paar sind oben schon angerissen, aber da sind der Fantasie keine Grenzen gesetzt. Was wäre, wenn alle Zahlen gleich wären...?

Wie wärs mit einem kleinen Escape Room Spiel, bei dem alle 6 Fehler gefunden werden müssen? Wenn das nicht reicht, kann man im nächsten Kapitel ein paar weitere Anregungen finden.

Viel Spaß!

11 – Rätsel

Schon mal einen langweiligen Abend im Freundes- oder Kollegenkreis erlebt? Keine Lust, den Abend mit irgendwelchen Gesellschaftsspielen aufzupeppen? Rätsel könnten ein Mittel sein, den Abend doch noch zu retten, mit Ihnen als Moderator und Juror. Die Rolle macht uns doch allen Spaß. Am besten bildet man mehrere Gruppen, deren Mitglieder die Rätsel dann gemeinsam lösen. Das belebt die Gruppendynamik entweder durch gemeinsames Lachen, wenn man's gelöst hat oder durch gemeinsames Streiten. Jedenfalls sollte es lebendiger werden. Man kann Escape Room spielen oder Preise ausloben (die Gruppe, die den letzten Platz belegt, muss für den Rest des Abends alle anderen bedienen). Der Fantasie sind hier keine Grenzen gesetzt.

Es gibt natürlich Rätsel wie Sand am Meer, aber dieses Buch ist ein Mathebuch. Also spielen wir mit mathematischen Rätseln.

Was ist die größte Zahl, die man mit 3 Achten schreiben kann

Schreiben Sie die größtmögliche Zahl mit drei Achten hin. Klammern sind erlaubt, sowie die vier Grundrechenarten und Exponenten. Sonderoperationen wie Fakultäten nicht. Der Teil sollte relativ schnell gehen und eignet sich gut als Einsteiger zum warm werden. Wenn man's noch heißer will, kann man verlangen, diese Zahl auszuschreiben.

Wie kann man 24 erzeugen?

Wie kann man aus den Zahlen 1,3,4,6 nur mithilfe der Grundrechenarten und mit Klammern die Zahl 24 erzeugen? Jede der vier Zahlen darf nur einmal vorkommen. Bevor Sie sich jetzt gelangweilt abwenden, weil Sie solche Arten von Rätseln schon im Duzend gelöst haben, probieren Sie's mal. Sie werden staunen. Und keine Angst, das Rätsel ist lösbar. Da gibt es das erste Streitpotenzial in den einzelnen Gruppen. Sieht so einfach aus, aber…

Eine komplizierte Rechnung mit überraschendem Ergebnis

Schreiben Sie folgendes auf einen Zettel: 12345679 *. Bitten Sie dann jemanden die eine beliebige Ziffer von 1 bis 9 zu nennen. Multiplizieren Sie diese Zahl im Kopf mit 9 und schreiben Sie das Ergebnis hinter das Malzeichen auf den Zettel. Bitten Sie nun diese Person die Rechnung in einen Taschenrechner zu tippen. Was passiert? Nun, das eignet sich nicht für Gruppenarbeit, eher für ein Intermezzo in einer Pause.

Wie alt sind meine Kinder?

Gabi und Peter sind Mathematiker. Bei einem Treffen fragt Gabi: „Du hast doch drei Töchter, wie alt sind die jetzt?". Darauf Peter: „Wenn man ihre Lebensjahre multipliziert, so erhält man 36. Addiert man sie, so erhält man die Hausnummer dort drüben". Typische Antwort eines Mathematikers, würde man meinen, aber Gabi ist natürlich nicht überrascht, sie wäre es eher, wenn Peter ihr eine direkte Antwort auf ihre direkte Frage gegeben hätte. „Das reicht mir aber noch nicht" sagt sie stattdessen, worauf Peter antwortet: „Das ist richtig, ich hätte erwähnen sollen, dass meine älteste Tochter Ballettunterricht bekommt." Daraufhin Gabi: „Ah, jetzt ist alles klar". Bei Ihnen auch? Wie alt sind die Töchter denn nun?

Um wie viele Ecken sind wir mit jedem vernetzt?

Jeder hat das schon oft erlebt. Man kennt einen, dessen Bruder einen Freund hat, dessen Onkel…Manchmal hat man den Eindruck, die Welt ist klein. Aber um wie viele Ecken kennen wir denn einen beliebigen Menschen auf unserem Planeten? Vergessen wir mal die Social Media für einen Moment und stellen uns die Frage in klassischen Sozialen Netzwerken. Stellen Sie die Frage ruhig in einer größeren Gruppe von Leuten, die sich vor dem Treffen nicht kannten. Wenn wir zwei von denen zufällig auswählen, um wie viele Ecken kennen die sich mit hoher Wahrscheinlichkeit?

Wie viele Menschen haben am selben Tag Geburtstag?

Nehmen wir an, Sie sind auf einer Party. Die Gäste kommen aus verschiedenen Bereichen und sind nur mäßig miteinander bekannt. Sie behaupten, dass mindestens zwei Personen im Raum am gleichen Tag Geburtstag haben (aber nicht unbedingt im gleichen Jahr geboren sind). Ab wie vielen Gästen können Sie die Behauptung machen und haben mit 50% Wahrscheinlichkeit recht? Während des oben erwähnten langweiligen Abends mit Freunden kann man das dann wirklich mal ausprobieren, wenn sich jeder mit seinem Geburtstag outet. Aber keine Angst, das Geburtsjahr kann verschwiegen werden.

Die Ziege und das Auto

Ein Kandidat einer Spieleshow hat die Chance, ein Auto zu gewinnen. Dazu muss er sich für eine von drei Türen entscheiden. Hinter einer der Türen befindet sich ein Auto, hinter den anderen beiden je eine Ziege. Der Kandidat wählt nun zufällig eine Tür. Der Moderator, der weiß, was hinter den Türen steht, öffnet aber eine andere Türe, hinter der sich eine Ziege befindet, und bietet dem Kandidaten an, die Tür zu wechseln. Ist es vorteilhaft für den Kandidaten, die Tür zu wechseln? Na, da wird es unterschiedliche Meinungen geben. Viel Spaß!

Wie viele Farben braucht man mindestens, um eine Landkarte einzufärben

Landkarten sind allgegenwärtig und meistens bunt. Das sieht nicht nur hübsch aus, sondern macht es einfacher, aneinandergrenzende Gebiete, wie z. B. Länder unterscheiden zu können. Aber wie viele Farben braucht man mindestens, um eine beliebige Karte so zu färben, dass jeweils aneinandergrenzende Gebiete verschiedene Farben haben? Ein schönes Gesellschaftsspiel, das man ja mal an Europa ausprobieren kann. Wer schafft es mit den wenigsten Farben?

Wie viele Gewichte braucht man um 40 kg zu wiegen?

Stellen Sie sich eine Waage mit zwei Schalen vor. Um ein bestimmtes Objekt zu wiegen, brauchen Sie Gewichte. Die Frage ist, wie viele und welche Gewichte brauchen Sie mindestens, um alle ganzzahligen Gewichte von 1 bis 40 wiegen zu können?

Das Seil um den Äquator

Nehmen wir an, ein Seil wäre eng um den Äquator gelegt. Das sind grob 40.000 km Seil. Jetzt wollen Sie das Seil so verlängern, dass man es an jeder Stelle um einen Meter anheben könnte. Wie viel länger muss das Seil sein? Das kann man auch als Schätzfrage verpacken. Da werden interessante Vermutungen kommen.

Der Turm von Hanoi

Das ist eigentlich ein Kinderspiel. Es besteht aus drei Stäben und Scheiben in verschiedenen Größen. Diese Scheiben sind alle der Größe nach geordnet auf einen der Stäbe gesteckt. Man muss nun mit möglichst wenigen Zügen diese Scheiben in der gleichen Reihenfolge auf einen anderen Stab legen. Dabei darf man immer nur eine Scheibe bewegen und die auf einen leeren Stab oder auf eine größere Scheibe legen. Frage also, wie viele Züge braucht man mindestens, wenn man n Scheiben hat? Kleiner Tipp: Bei 3 Scheiben sind es mindestens sieben Züge. Hier hilft es, wenn Sie eine kurze Skizze anfertigen. Sie wissen schon, verständiges Lesen ist so eine Sache bei uns.

Der Bauer und der Fluss

Ein Bauer reist mit einem Wolf, einer Ziege und einem Salat durch die Lande. Er kommt an einen großen Fluss, an dem ein winziges Boot liegt. Er kann nur ein Tier oder den Salat mitnehmen. Lässt er die Ziege und den Salat alleine, würde die Ziege den Salat fressen. Ließe er den Wolf und die Ziege alleine, wäre das das Ende der Geiß. Wie also kriegt er alle drei ans andere Ufer?

Sudoku

Jeder kennt mittlerweile Sudoku Rätsel. Insgesamt 81 Felder müssen mit Zahlen gefüllt werden, sodass jedes 3*3 Feld, jede Reihe und jede Spalte die Ziffern 1-9 genau einmal enthält. Einige Zahlen sind vorgegeben, je weniger, desto schwieriger ist es im Allgemeinen, das Rätsel zu lösen. Mittlerweile gibt es Computerprogramme, die automatisch Sudokus verschiedener Schwierigkeitsgrade erzeugen. Ich selbst löse gerne Sudoku Rätsel, habe aber noch nicht alle geschafft. Daher meine Frage: Wie viele gibt es insgesamt und wie lange würde ich brauchen, um alle zu lösen? Das ist eine Schätzfrage, man kann es auch berechnen, aber das ist nicht ganz so einfach.

Kniffel – Strategie für eine Große Straße

Im Kapitel über (Un)wahrscheinlichkeiten haben wir uns bereits mit dem Würfelspiel Kniffel beschäftigt, insbesondere mit dem Kniffel selbst. Schauen wir mal auf die Große Straße, die bring ja immerhin 40 Punkte. Es gibt zwei mögliche Große Straßen: 1,2,3,4,5 oder 2,3,4,5,6. Nehmen wir an, Sie würfeln im ersten Wurf 2,3,3,4,6. Sicher sollte man eine der Dreien für den zweiten Wurf mit in den Würfelbecher nehmen. Dann hat man zwei Versuche, die fehlende Fünf zu würfeln. Man könnte aber auch die 6 mit hinzunehmen und versuchen entweder eine 1 und eine 5 oder eine 5 und eine 6 zu würfeln. Was ist besser?

Lösungen

Was ist die größte Zahl, die man mit 3 Achten schreiben kann

$$8^{8^8}$$

Man löst diese Zahl von rechts oben nach links unten. Also

$$8^{8^8} = 8^{16777216}$$

$(8^8)^8$ wären dagegen „nur" $8^{8*8} = 8^{64}$. Falls Sie gefragt haben, wie diese Zahl ausgeschrieben aussieht, müssen Sie leider die Antwort schuldig bleiben.

Wie kann man 24 erzeugen?

$6/(1-3/4) = 24$. Das ist in der Tat die einzige Möglichkeit und sie ist kompliziert. Wunderbar, um andere zur Verzweiflung zu treiben. Sieht einfach aus am Anfang, hat es aber in sich. Man kann mit diesen vier Zahlen über 7.000 verschiedene Rechnungen aufstellen, aber nur eine führt zur 24.

Eine komplizierte Rechnung mit überraschendem Ergebnis

Nun, die Person sieht neunmal die genannte Ziffer auf dem Display des Taschenrechners. Wurde z.B. die Ziffer 6 genannt, dann ergibt die Multiplikation mit Neun eine 54. Die Rechnung lautet dann:

$$12345679 * 54 = 666666666$$

Das ist auch nicht so schwierig zu erklären. Wir rechnen

$12345679 * 9 * n$, wobei n die genannte Zahl ist. Das Ergebnis soll nnnnnnnnn sein. Teilen wir beide Seiten durch n, so erhält man

$$12345679*9 = 111111111$$

Der Taschenrechner wird bestätigen, dass das stimmt. n ist dabei egal. Multipliziert man die Zahl 111111111 übrigens mit sich selbst, so erhält man 12345678987654321.

Wie alt sind meine Kinder?

Die Antwort ist: Die Töchter sind 9, 2 und 2 Jahre alt.

Offensichtlich enthält dieses Rätsel einige Informationen, die überflüssig sind und nur der Verwirrung dienen. Andere relevante Informationen sind allerdings versteckt. Gabi hat natürlich eine Information, die uns fehlt: Sie kann die Hausnummer erkennen und weiß das Ergebnis der Summe. Wir wissen das nicht. Schauen wir uns die Möglichkeiten mit dem Produkt dreier natürlicher Zahlen die 36 zu erhalten:

Mögliche Alter der Kinder	Hausnummer
1,1,36	38
1,2,18	21
1,3,12	16
1,4,9	14
1,6,6	13
2,2,9	13
2,3,6	11
3,3,4	10

Gabi sagt, dass ihr die beiden Angaben Produkt = 36 und Summe = Hausnummer nicht genügen, obwohl sie die Hausnummer ja kennt. Das kann nur heißen, dass die Hausnummer nicht eindeutig ist. Das ist aber nur bei der 13 der Fall, die kommt zweimal vor.

Als Peter dann vom Ballettunterricht seiner ältesten Tochter spricht, ist die eigentlich interessante Information, dass es eine Älteste gibt. Er hätte auch sagen können, seine Älteste ist Vegetarierin oder schlecht in Mathe. Der Teil der Information dient nur der Ablenkung. Wichtig ist, es gibt eine Älteste und damit kommt nur 2,2,9 infrage.

Zugegeben, man muss eher detektivisches Talent haben und weniger mathematisches. Aber wem immer Sie dieses Rätsel stellen: Die Trennung von wichtiger und unwichtiger Information ist hier der Schlüssel.

Um wie viele Ecken sind wir mit jedem vernetzt?

Die Antwort heißt: 6. Das ist natürlich ein Mittelwert und trifft nicht für jedes zufällig ausgewählte Paar Menschen zu. Das ist jedenfalls das Ergebnis von Studien aus den 1960er-Jahren. 2008 kam eine Studie von Microsoft zum Ergebnis: 6,6. Diese Zahl faszinierte Menschen verschiedener Berufsgruppen so sehr, dass sich daraus

- die Erdös Zahl entstand, die beschrieb, über wie viele Stufen gemeinsamer Publikationen ein Mathematiker vom Mathematiker Erdös entfernt ist. Eine 1 haben die, die schon mal ein Co-Autor mit Erdös waren, eine 2 diejenigen, die schon mal mit einem seiner Co-Autoren gearbeitet haben, usw.
- die Bacon Zahl bildete, die beschreibt, wie weit ein Schauspieler vom Schauspieler Kevin Bacon entfernt ist. Eine 1, wenn er schon mal mit ihm gespielt hat, eine 2, wenn er schon mal mit einem gespielt hat, der mit Bacon gespielt hat, usw.
- die Sabbath Zahl entwickelte, die die Entfernung zur Rockgruppe Black Sabbath beschrieb.

Die Summe dieser drei Zahlen wird auch EBS Zahl genannt. Wenn man eine einstellige EBS Zahl hat, dann kennt man buchstäblich jeden.

Natürlich haben Mathematiker auch einen allgemeinen Ansatz entwickelt, mit dem man berechnen kann, wie die mittlere Pfadlänge zwischen zwei Knoten in einem Netzwerk ist. Wenn das Netzwerk n Knoten hat und jeder Knoten im Mittel m Verbindungen zu anderen Knoten hat, dann ist diese mittlere Pfadlänge $\ln(n) / \ln(m)$.

Social Media verändern diese Zahl mit einiger Sicherheit nach unten, aber ich habe bisher keine Studie dazu gefunden. Aber wenn man Taylor Swift, Tom Hanks und den Papst kennt, hat man gute Chancen auf einen einstelligen EBS.

Wie viele Menschen haben am selben Tag Geburtstag?

23. Aber dann ist Ihre Chance recht zu haben, gerade mal 50-50. Besser ist es, wenn Sie diese Behauptung bei 30 oder mehr Gästen machen, da haben Sie schon ziemlich gute Chancen, bei 40 oder mehr sollten Sie wetten. Wenn's klappt, haben Sie die staunenden Augen auf sich ruhen, wenn nicht…Pech gehabt.

Die Mathematik dahinter: Nehmen wir den umgekehrten Fall, wie wahrscheinlich ist es, dass alle an unterschiedlichen Tagen Geburtstag haben? Der erste kann den Tag noch frei „wählen", der zweite hat noch 364 mögliche Tage, der dritte 363 usw. Es ergibt sich das folgende Baumdiagramm:

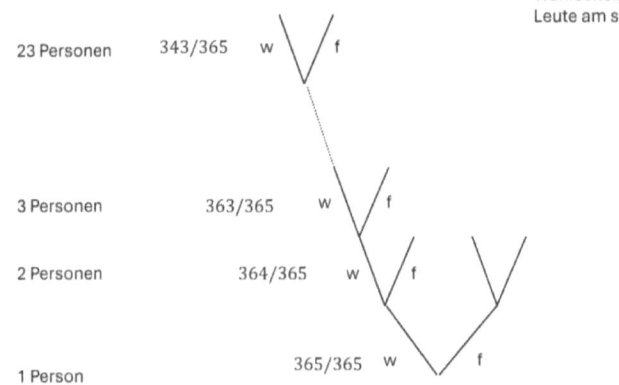

23 Personen   343/365   w   f

3 Personen   363/365   w   f

2 Personen   364/365   w   f

1 Person   365/365   w   f

Der linke Pfad ist der interessante. Die Wahrscheinlichkeiten entlang dieses Pfades müssen multipliziert werden, um die Gesamtwahrscheinlichkeit pro Personenanzahl zu ermitteln. Das wären bei drei Leuten 365/365 * 364/365 * 363/365 ≈ 0,99. Also ist umgekehrt die Wahrscheinlichkeit, dass von drei Personen zwei am selben Tag Geburtstag haben 1%. In dem Fall bitte nicht wetten! Mit der Methode kann man für jede Anzahl von Personen die Wahrscheinlichkeit errechnen. Allgemein gilt für die Wahrscheinlichkeit, dass bei n Leuten keine zwei am selben Tag Geburtstag haben:

$$W(n) = \prod_{i=1}^{n} \frac{365-i+1}{365}$$

Die gesuchte Gegenwahrscheinlichkeit erhält man, indem man die Formel oben von 1 abzieht. Bei 23 Leuten sind das etwas über 50%, bei 40 Personen schon knapp 90%.

Na gut, ich habe die Schaltjahre vernachlässigt, aber trotzdem lohnt es sich ab 40 Personen zu wetten.

Jedenfalls würde man die Wahrscheinlichkeit intuitiv anders einschätzen. Viele Glücksspieler machen sich solche intuitiv anders eingeschätzten Chancen zunutze, um ihren Kunden das Geld aus der Tasche zu ziehen.

Die Ziege und das Auto

Er sollte wechseln. Die Chance, beim ersten Mal die Tür mit dem Auto zu wählen, ist 1/3. Daraufhin öffnet der Moderator eine Tür, hinter der eine Ziege ist. Schauen wir uns an, was passiert, wenn Sie nicht wechseln:

- Wenn Sie im ersten Versuch die Tür mit dem Auto gewählt haben, dann haben Sie gewonnen. Die Chance dafür bleibt bei 1/3
- Haben Sie im ersten Versuch eine der beiden Türen mit einer Ziege gewählt, haben Sie verloren.

Die Chance, das Auto zu gewinnen, bleibt also bei 1/3. Wenn Sie wechseln, passiert folgendes:

- Wenn Sie im ersten Versuch die Tür mit dem Auto gewählt haben, Pech gehabt.
- Haben Sie im ersten Versuch eine Tür mit einer Ziege gewählt, dann haben Sie durch den Wechsel auf jeden Fall gewonnen, denn die einzig verbliebene Tür ist ja die mit dem Auto.

Fazit: Die Chance, beim ersten Mal eine Ziege zu wählen, ist 2/3 und in diesem Fall gewinnen Sie auf jeden Fall das Auto. Durch den Wechsel erhöhen sich ihre Chancen von 1/3 auf 2/3.

Dieses Beispiel ist als Monty-Hall-Problem bekannt. So einfach die Lösung hier ist, es gibt ein paar Dinge, die man beachten muss und die betreffen im Wesentlichen das Verhalten des Moderators. Im Rätsel oben muss er unabhängig von der ersten Wahl des Kandidaten eine Tür öffnen, hinter der eine Ziege ist. Wenn er zwei Türen zur Auswahl hat, muss er zufällig eine öffnen.

Er darf zum Beispiel nicht das Spiel sofort beenden, wenn der Kandidat im ersten Versuch eine Tür mit einer Ziege gewählt hat und nur in dem Fall, dass das Auto gewählt wurde eine Tür mit einer Ziege öffnen. In diesem Fall wäre die Gewinnchance auf jeden Fall 1/3.

Ein zweiter interessanter Fall ist, wenn der Moderator eine Präferenz für Türen hat, die er öffnet. Nehmen wir an, er ist faul und steht in der Nähe von Tür 3. Der Kandidat wählt z.b. Tür 1. Wenn hinter Tür 1 das Auto ist, dann würde der Moderator auf jeden Fall Tür 3 öffnen. Ist hinter Tür 1 eine Ziege und hinter Tür 2 das Auto, würde er ebenfalls Tür 3 öffnen. Nur wenn hinter Tür 3 das Auto ist, muss er sich notgedrungen ein bisschen mehr bewegen und Tür 2 öffnen. In diesem Fall spricht man von bedingter Wahrscheinlichkeit und die Chance nach einem Wechsel ist nur noch ½.

In jedem Fall schätzen die meisten Menschen die Wahrscheinlichkeiten hier falsch ein, da ja scheinbar unabhängig von der Wahl noch zwei verschlossene Türen übrig sind. Dass sich bei einem Wechsel die Chancen verdoppelt, klingt auf den ersten Blick seltsam.

Diese Frage bietet sich auch als Spiel in launiger Runde mit Freunden an. Wenn Sie sich an die Wahrscheinlichkeiten halten und das Spiel oft genug spielen, werden Sie in 2/3 der Fälle gewinnen.

Wie viele Farben braucht man mindestens, um eine Landkarte einzufärben

Vier! Das ist bewiesen, hat aber ziemlich lange gedauert. Von den 1850er-Jahren, wo die Vermutung das erste Mal auftauchte bis in die 1970er-Jahre. Interessanterweise wurde dieser Beweis per Computer erbracht, nachdem Mathematiker 120 Jahre lang gescheitert waren. 1977 gelang es zwei Mathematikern, die Anzahl der relevanten Fälle von unendlich auf 1936 zu reduzieren. Danach wurden diese 1936 Fälle einfach alle ausprobiert mit Milliarden von Berechnungen, die ein Mensch niemals hätte leisten können. Das war wohl der erste mathematische Beweis, den ein Computer geliefert hat und man kann sich vorstellen, dass der bei Mathematikern hochumstritten war. Ein Beweis war erst dann anerkannt, wenn mehrere Mathematiker ihn nachvollziehen konnten. Das ist bei einem Computerbeweis schwierig, denn der liefert nach über 1000 Stunden Rechenzeit nur die Antwort: Ja.

Das erinnert stark an die Zahl 42 von Deep Thought aus *Per Anhalter durch die Galaxis*, von dem vorher in diesem Buch schon die Rede war. Dessen Antwort war bekanntlich: 42.

Drei reichen übrigens nicht, das kann man sich an einfachen Beispielen klar machen:

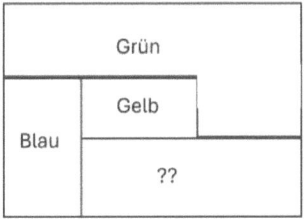

Wie viele Gewichte braucht man um 40 kg zu wiegen?

4, genauer gesagt 1kg, 3kg, 9kg, 27kg. Der Trick ist hier, dass man entgegen der intuitiven Annahme die Gewichte in beide Schalen verteilen kann, wobei Gewichte in einer Schale addiert und in der anderen subtrahiert werden. Beispiele:

- 1 kg = 1
- 2 kg = 2-1
- 5kg = 9-3-1
- 40 kg = 27+9+3+1

Die meisten werden es so interpretiert haben, dass alle Gewichte in eine Schale kommen, was aber in der Aufgabe so nicht genannt wurde. Man hüte sich vor impliziten Annahmen!

Immerhin, wenn alle Gewichte in eine Schale müssen, braucht man auch nur 6: 1,2,4,8,16,32

Das Seil um den Äquator

6,28 Meter reichen. Warum ist das so?

Der Umfang des Äquators lässt sich wie folgt berechnen:

$$U = 2\pi r$$

wobei r der Radius ist. Diesen Radius wollen wir nun um 1 Meter erhöhen, also

$$U+L = 2\pi(r+1),$$

wobei L die zusätzlich benötigte Länge des Seiles ist. Daraus ergibt sich:

$$U+L = 2\pi r + 2\pi = U + 2\pi$$

Damit ist $L = 2\pi \approx 6,28$ Meter. Interessant ist, dass die obige Rechnung für jedes r gilt und damit für jeden Äquator, egal ob Sonne, Mond oder irgendwelche Sterne. Das hätte man nun wirklich nicht vermutet.

Der Turm von Hanoi

2^n-1. Das Ergebnis ist weniger interessant als eine Legende, die besagt: Wenn ein Mönch in einem Tempel es schafft, 64 Scheiben von einem Stab auf den anderen zu bringen, endet die Welt. Das wären $2^{64}-1$, also über 18 Trillionen Züge. Bei einem Zug pro Sekunde bräuchte er 585 Milliarden Jahre. Und er darf sich dabei nicht vertun.

Das erinnert stark an

- das Problem mit dem Reis auf dem Schachbrett. Die Zahlen ähneln sich doch sehr

- das Kapitel über Unwahrscheinlichkeiten, theoretisch möglich, praktisch unmöglich

Es ist nicht überliefert, ob irgendein Mönch schon angefangen hat, aber von der Seite droht der Welt kein Untergang.

Der Bauer und der Fluss

- Erste Fahrt: Ziege ans andere Ufer
- Zweite Fahrt: Wolf ans andere Ufer. Jetzt nimmt er die Ziege wieder zurück!
- Dritte Fahrt: Salat ans andere Ufer
- Vierte Fahrt: Ziege ans andere Ufer

Hier hüte man sich auch vor der Annahme, dass er Tiere und Salat nur in eine Richtung fahren kann. Davon war in der Aufgabe nicht die Rede. Vorsicht vor falschen Annahmen!

Sudoku

6,67 Trilliarden. Das hat ein Forschungslabor bewiesen. Selbst Computer, die 10.000 davon pro Sekunde lösen können, bräuchten dafür 20 Milliarden Jahre. Ich bin deutlich langsamer und habe mein Ziel, jemals alle zu lösen, damit aufgegeben.

Kniffel – Strategie für eine Große Straße

Schauen wir uns zunächst die Wahrscheinlichkeit einer großen Straße an, wenn ich versuche, nur mit einem Würfel in zwei Versuchen eine 5 zu würfeln. Hier ist es einfacher, die Gegenwahrscheinlichkeit zu berechnen und von der 1 abzuziehen: Im zweiten Wurf würfele ich mit einer Wahrscheinlichkeit von $5/6$ keine Fünf. Also beträgt die Wahrscheinlichkeit in beiden Würfen keine 5 zu würfeln $25/36$ und damit $1-25/36 = 11/36$ für eine 5 in einem der beiden Würfen.

Würfele ich hingegen mit zwei Würfeln weiter und versuche entweder eine 1 und eine 5 oder eine 5 und eine 6 zu würfeln, so ergibt sich folgende Wahrscheinlichkeit für eine Große Straße. Zunächst einmal gibt es 36 mögliche Resultate für den zweiten Wurf, vier davon, nämlich 1 und 5; 5 und 1; 5 und 6 sowie 6 und 5 führen sofort zum Ziel.

In weiteren 16 Fällen hat man eine 1 oder eine 6, aber keine 5. Die lässt man dann liegen und muss mit dem letzten Würfel eine 5 würfeln (Wahrscheinlichkeit dafür 1/6).

In 9 Fällen hat man keine passende Zahl, muss also mit zwei Würfeln im letzten Versuch entweder eine 1 und eine 5 oder eine 5 und eine 6 würfeln (4/36).

Bleiben noch die 7 Fälle, in denen man eine 5 würfelt, aber keine 1 oder 6. In diesem Fall lässt man 2,3,4,5 liegen und hat nun einen Versuch mit einem Würfel, um entweder eine 1 oder eine 6 zu würfeln (2/6 = 1/3).

Daraus kann man die Wahrscheinlichkeit ausrechnen, mit der man mit der zweiten Strategie Erfolg hat:

$$(4 + 16/6 + 9*4/36 + 7/3)/36 = 10/36$$

Also ist es etwas günstiger, nur mit einem Würfel zu versuchen, eine 5 zu werfen. Der Unterschied ist aber gerade 1/36, das reicht nicht, um auf jeden Fall zu gewinnen.

12 – Mathematiker Witze

Ob man mit Witzen angeben kann, ist nicht geklärt. Wenn man gut darin ist, kriegt man zumindest ein paar Lacher oder Likes. Ob es Witze über Mathematiker gibt, ist ebenfalls unklar, vieles davon hört sich nach Witz an, aber in Wirklichkeit...

Ich überlasse es Ihnen, ob sie Witze als Mittel zum Angeben in Erwägung ziehen oder zumindest in geselliger Runde einfach mal einen rauslassen wollen. Aber Vorsicht, viele, die mit Mathe nichts am Hut haben (wollen), werden die Pointe gar nicht verstehen. Denen können Sie ja dann von der Unendlichkeit erzählen.

Hier eine kleine Auswahl:

===============

Ein Astronom, ein Physiker und ein Mathematiker fahren mit einem Zug durch Schottland. Auf einmal sehen sie ein schwarzes Schaf einsam auf einer Wiese stehen. Schlussfolgerung des Astronomen: „Alle Schafe in Schottland sind schwarz". Darauf der Physiker: „Nein, einige schottische Schafe sind schwarz". Der Mathematiker brachte es dann auf den Punkt: „In Schottland gibt es mindestens eine Wiese mit mindestens einem Schaf, das mindestens auf einer Seite schwarz ist".

===============

Ein Heißluftballon verirrt sich im Nebel. Der Ballonführer sinkt bis kurz über dem Boden und sieht dort einen Mann. Er spricht ihn an: „Entschuldigen Sie die Störung, wo sind wir?" Der Mann überlegt lange und antwortet schließlich: „In der Luft". Warum ist der Mann ein Mathematiker?

1. Er braucht lange, bis er eine Antwort findet
2. Die Antwort ist eindeutig richtig.
3. Die Antwort ist für den Ballonführer absolut nutzlos

=============

Ein Bauingenieur, ein Physiker und ein Mathematiker bekommen beim Überlebenstraining ihre Essensration in einer ungeöffneten Dose. Zudem bekommen sie noch einen Notizblock und einen Bleistift. Der Bauingenieur wirft die Dose so lange gegen die Wand, bis sie geöffnet am Boden liegt. Der Physiker betrachtet seine Dose und grübelt nach; schließlich sticht er mit dem Bleistift auf die schwächste Stelle der Dose, die dann auch sofort aufspringt. Doch der Mathematiker sitzt noch nach Stunden vor der ungeöffneten Dose. Auf dem Notizblock ist zu lesen: Angenommen, die Dose wäre offen ...

=============

Ein Mathematiker, ein Maschinenbauingenieur und ein Informatiker fahren mit dem Auto. Plötzlich bleibt der Wagen stehen. Der Mathematiker stellt fest: „Das Fahrzeug ist mit einer Wahrscheinlichkeit von 99,97 % defekt." Der Maschinenbauingenieur erkennt sofort: „Der Keilriemen oder die Zündkerzen sind hinüber" Der Informatiker kennt sogar schon die Lösung des Problems: „Wir sollten aussteigen, alle wieder einsteigen, und dann wird es schon wieder laufen".

=============

Zwei Mathematiker sitzen im Restaurant und unterhalten sich. Der eine stellt im Laufe des Gesprächs fest: „Mathematik kann inzwischen jeder.", doch sein Kollege stimmt ihm da nicht zu. Deshalb tut er so, als müsse er aufs Klo, geht aber stattdessen zur Kellnerin und sagt: „Ich werde sie gleich etwas fragen. Dann antworten Sie einfach: $1/3 \; x^3$!". Wieder am Tisch will der Mathematiker seinem Kollegen seine Behauptung beweisen und fragt die Kellnerin: „Was ist das Integral von x^2?" Darauf antwortet die Kellnerin: „$1/3 \; x^3$" und beim Gehen sagt sie noch zu sich selbst: „Die Bevölkerung wird auch immer dümmer, denn die Konstante $C \in \mathbb{R}$ haben sie vergessen."

===============

Ein Bauingenieur, ein Physiker, ein Mathematiker und ein Philologe wollen die Höhe eines Fahnenmastes bestimmen. Der Ingenieur, der Physiker und der Mathematiker grübeln nach. Dreisatz, Satz des Pythagoras, Strahlensätze??? Der Philologe jedoch nimmt den Fahnenmast aus seiner Halterung, legt ihn auf den Boden, misst einfach nach, stellt ihn wieder auf und sagt: „3,75 m". Darauf sagt der Mathematiker: „Welch ein Trottel. Wir wollen die Höhe bestimmen, und er misst die Breite!"

===============

Sagt die Frau des Mathematikers: „Ich liebe Dich". Daraufhin lässt sich der Mathematiker scheiden. Grund: seine Frau hätte sagen müssen: „Ich liebe *genau* Dich!"

===============

Sagt der Mathelehrer zu seiner Klasse: „Ihr seid so schlecht, dass sicher 90% von Euch das Jahr wiederholen müssen". Darauf ein Schüler: „Aber so viele sind wir doch gar nicht!"

===============

Es gibt drei Arten von Mathematikern: Solche, die zählen können und solche, die nicht zählen können.

===============

Stellen Sie ein paar Personen die Frage: „Was ist 2*2", und Sie werden folgende Antworten erhalten:

- Der Ingenieur zückt seinen Taschenrechner und meint schließlich: „3,999999999"
- Der Physiker: „In der Größenordnung von $1*10^1$"
- Der Mathematiker wird sich einen Tag an seinen Schreibtisch verziehen und dann freudestrahlend mit einen dicken Bündel Papier ankommen und behaupten: „Das Problem ist lösbar!"

- Der Logiker: „Bitte definiere 2*2 präziser."
- Der Hacker bricht in den NASA-Supercomputer ein und lässt den rechnen.
- Der Beamte schaut kurz von seinem Schreibtisch auf, zählt 2*2 Schäfchen und schläft wieder ein.
- Der Psychiater: „Weiß ich nicht, aber gut, dass wir darüber geredet haben".
- Der Buchhalter wird zunächst alle Türen und Fenster schließen, sich vorsichtig umsehen und fragen: „Was für eine Antwort wollen Sie hören?"
- Der Jurist: „4, aber ich weiß nicht, ob wir vor Gericht damit durchkommen."
- Der Politiker: „Ich verstehe ihre Frage nicht..."
- Der Kellner: „Gute Wahl, was möchten Sie dazu trinken?"
- Der Berufsschullehrer: „Vier, aber das können Sie gleich wieder vergessen, das brauchen Sie eh nie wieder".
- Der Biologe: „Ein fortpflanzungsfähiger Genpool".
- Die Mafia: „Du stellst zu viele Fragen".

13 – Zitate

Zum Schluss noch ein paar Zitate von und über Mathematiker.

„Es gibt Dinge, die den meisten Menschen unglaublich erscheinen, die sich nicht mit Mathematik beschäftigt haben." Das Zitat stammt von Archimedes. In diesem Buch haben wir genügend davon kennengelernt und werden diesen Satz also komplett unterschreiben.

„Alles, was lediglich wahrscheinlich ist, ist wahrscheinlich falsch". Rene Descartes war offensichtlich überzeugt von der Vollständigkeit der Beweise.

„Der Mathematiker ist ein Blinder, der in einem dunklen Raum nach einer schwarzen Katze sucht, die nicht vorhanden ist." Das Zitat stammt von Darwin. Im Laufe meines Studiums hatte ich öfter das Gefühl, so wie es hier beschrieben ist.

„Schon die Mathematik lehrt uns, dass man Nullen nicht übersehen darf." Das ist von einem polnischen Satiriker, die Doppeldeutigkeit ist also Programm.

„Die Mathematik ist dem Liebestrieb nicht abträglich". Ein Glück! Vielen Dank an Paul Möbius für diese Erkenntnis.

„Phantasie ist wichtiger als Wissen, denn Wissen ist begrenzt." Das Zitat stammt von Einstein und zeugt von seiner Lust am Spiel mit der Unendlichkeit.

„Mathematik ist Musik des Geistes, Musik ist Mathematik der Seele." Daniil Charms, russischer Schriftsteller. Der kannte bestimmt den Goldenen Schnitt.

„Ein Drittel? Nee, ich will mindestens ein Viertel." Ok, das war ein Fußballer.

„Im Kopf rechnet man schneller als man denkt." Siehe Kapitel über Kopfrechnen.

„Ich bin so schnell, dass ich, als ich gestern Nacht im Hotel den Lichtschalter umlegte, im Bett lag, bevor das Licht aus war." Muhammad Ali, Boxlegende. Einstein hatte also unrecht, es gibt etwas, das schneller ist als Licht.

„Es ist ein glücklicher Zufall, dass wir alle Wissenschaftler sind, sonst würde uns niemand verstehen." Sheldon in The Big Bang Theory. Deswegen ist dieses Buch auch so gut verständlich.

„Schöne Menschen sind schlechter in Mathe." Wie im Vorwort bereits beschrieben, deswegen geben so viele Menschen mit schlechten Noten in Mathe an. Die haben noch nicht verstanden, dass der Umkehrschluss nicht gilt.

„Erst warte ich langsam und dann immer schneller". Karl Valentin hat die Relativitätstheorie verstanden.

14 - Was noch zu sagen wäre

Ist die Mathematik durch menschliche Arbeit entstanden? Also auf Basis von Axiomen und Beweisen, wie in Kapitel 9 gezeigt? Haben wir sie entwickelt, um Probleme zu lösen, wie das Zählen einer Herde von Schafen oder das Fliegen zum Mond? Oder ist sie ein Teil der Natur, der schon immer da war und den wir erst Stück für Stück entdeckt haben? Die Fibonaccifolge und der Goldene Schnitt wäre ein Indiz dafür, denn die Natur ist voll davon.

Mathematik ist Natur, Poesie, Musik. Sie ist bisweilen abstrus und so abstrakt, dass man sie nicht mehr zu greifen vermag. Sie überrascht und frustriert zuweilen. Sie macht glücklich, wenn wir nach schier endlosen Versuchen unseren Heureka Moment haben. Man kann sie lieben oder hassen, aber selten ist sie einem egal. Wir nutzen sie im Alltag, in der Schule, im Beruf und manche studieren sie sogar.

Sie kann uns die Welt im ganz Großen oder winzig Kleinen erklären, jedenfalls manchmal. Wir können mit ihr oder durch sie spielen und sie gibt uns immer wieder Rätsel auf. Wir können über sie und ihre Experten lachen und die meisten Mathematiker können auch über sich lachen.

Sie ist die Grundlage für alle anderen Naturwissenschaften, von der Physik über Astronomie bis zur Informatik.

Aber kann man mit ihr angeben? Das war ja die ursprüngliche Frage dieses Buches. Die Antwort überlasse ich Ihnen. Vielleicht können Sie es ja ausprobieren. Auf jeden Fall habe ich versucht, die Frage mit einer Mischung aus Mathematik und Humor anzugehen und ich hoffe, sie hatten ein wenig Spaß beim Lesen. Dann hat sich die Mühe gelohnt.

Vielleicht schreiben Sie ja selbst ein Buch über Angeben mit Ihrem speziellen Fachgebiet. Ich würde es kaufen!

Anhang

Das Babylonische Sexagesimalsystem

Hier die Zahlen 1 bis 59 im Babylonischen Sexagesimalsystem.

Römische Zahlen

I	V	X	L	C	D	M	Ð	ⅭⅮ	Ð	ⓐ
1	5	10	50	100	500	1000	5000	10.000	50.000	100.000

Das Ägyptische Dezimalsystem

Die Ägypter hatten folgende Hieroglyphen zur Darstellung von
Zehnerpotenzen:

I	1	Strich
∩	10	Rindsgespann
℗	100	Seilschlinge
⚶	1.000	Wasserlilie
⌠	10.000	Finger
⟍	100.000	Frosch oder Kaulquappe
⚸	1.000.000	Gott der Unendlichkeit

Das Vigesimalsystem der Mayas

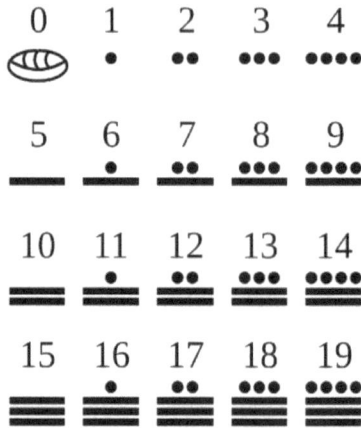

Das Jahr 2025

- 2025 = 45^2 = $(20+25)^2$ – alleine das ist schon faszinierend!
- 2025 = $(0+1+2+3+4+5+6+7+8+9)^2$ das sind alle Ziffern!
- 2025 = $0^3+1^3+2^3+3^3+4^3+5^3+6^3+7^3+8^3+9^3$ das sind wieder alle Ziffern!

Multiplikation mit der Trachtenberg Methode

In Kapitel 1 habe ich als Teil der Trachtenberg Methode die Multiplikation großer Zahlen erwähnt mit dem Beispiel 3127*5297. Man kann das auch direkt im Kopf rechnen, dazu braucht man aber ein äußerst gutes Gedächtnis. Besser ist es, das Ergebnis auf ein Blatt Papier zu schreiben, ohne jegliche Zwischenschritte. Man fängt von rechts an, also mit der Einerstelle des Ergebnisses und arbeitet sich Stück für Stück nach links vor. In jedem Schritt muss man sich eine Zahl merken, das sollte zu schaffen sein. Los gehts:

Schritt 1: Einstieg
Multipliziere die Einerstellen: 7*7 = 49. Schreibe die 9, merke die 4. Die rechte Ziffer ist also schon mal die 9, das war einfach.
Zwischenergebnis: 9, gemerkte Zahl: 4

Schritt 2:
Wir fangen wieder mit der hinteren Ziffer des zweiten Faktors an, rücken aber beim ersten Faktor um eins nach links: 7*2. Dazu nehmen wir die nächste Ziffer des zweiten Faktors und multiplizieren die mit der letzten Ziffer des ersten Faktors: 9*7. Man multipliziert also über Kreuz:
7*2 = 14
9*7 = 63
Man addiert die Einerstellen und die Zahl, die wir uns aus dem vorigen Schritt gemerkt haben: 4+3+4 = 11. Man schreibt die Einerstelle 1 und addiert die Zehnerstelle (1) und die anderen beiden Zehnerstellen: 1+6+1 = 8
Zwischenergebnis: 19, gemerkte Zahl: 8

Schritt 3:
Jetzt gehts wieder eine Stelle nach links:
7*1 = 7

9*2 = 18
2*7 = 14
Addiere die Einerstellen und die gemerkte Zahl aus Schritt 2:
7+8+4+8 = 27. Schreibe die 7 und merke die Summe der Zehnerstellen: 0+1+1+2 = 4
Zwischenergebnis: 719, gemerkte Zahl 4

Schritt 4:
Wieder eins nach links. Man sieht jetzt in der ersten Spalte den
zweiten Faktor in umgekehrter Reihenfolge und in der zweiten
Spalte den ersten Faktor.
7*3=21
9*1 = 9
2*2 = 4
5*7 = 35
Addiere Einerstellen und gemerkte Zahl: 1+9+4+5 +4 = 23
Schreibe 3, merke Summe der Zehnerstellen: 2+0+0+3+2 = 7
Zwischenergebnis: 3719, gemerkte Zahl 7

Schritt 5:
Die Einerstelle aus dem zweiten Faktor ist jetzt durch.
9*3 = 27
2*1 = 2
5*2 = 10
Addiere Einerstellen und gemerkte Zahl: 7+2+7=16. Schreibe 6 und
merke Summer der Zehnerstellen: 2+0+1+1 = 4
Zwischenergebnis: 63719, gemerkte Zahl 4

Schritt 6:
Die Zehnerstelle ist jetzt auch durch, wir nähern uns dem Ende:
2*3 = 6
5*1 = 5
Addiere Einerstellen und gemerkte Zahl: 6+5+4=15. Schreibe 5 und
merke Summe der Zehnerstellen: 0+0+1 = 1

Zwischenergebnis: 563719, gemerkte Zahl 1

Schritt 7: Finale
5*3 = 15
Addiere gemerkte Zahl: 15+1=16. Schreibe 16, merken muss man sich jetzt nichts mehr.
Endergebnis: 16.563.719
Mein Taschenrechner sieht das genauso.

Im Prinzip also:
- Jeweils eine Zahl merken, die Einerstellen und diese gemerkte Zahl addieren. Das sollte im Kopf gehen, auch wenn das in der Mitte der Schritte viele werden können. Das muss man üben.
- Die Einerstelle des Ergebnisses hinschreiben immer links vom bisherigen Zwischenergebnis. Das ist einfach.
- Die Zehnerstellen addieren (auch die der Addition aus dem vorigen Schritt). Mit gutem Gedächtnis geht das schnell, ansonsten muss man die Addition von oben noch mal machen, diesmal aber die Zehnerstellen. Diese Zahl wieder merken.

So hangelt man sich Schritt für Schritt durch und schreibt in jedem Schritt nur eine Ziffer auf. Das Beeindruckende ist dabei, dass man wirklich nur das Ergebnis hinschreibt, während man bei traditioneller Multiplikation viele Zwischenschritte braucht.

Das braucht ein bisschen Übung, aber den Preis zahlt man doch gerne, wenn man hinterher ein paar Leute beeindrucken kann.

Wenn Sie immer noch nicht genug haben: Man kann auch große Zahlen dividieren, das funktioniert ähnlich, aber mit Subtraktion anstelle von Addition. Details spare ich mir hier, das muss man als wirklich ambitionierter Angeber schon selbst rausfinden.

Ermittlung des Wochentags zu einem Datum

Wir man zu einem bestimmten Datum, wie z.B. 3.10.1959 den Wochentag ermitteln, so geht das mit folgender Formel:

$$h = (q + [\tfrac{13(m+1)}{5}] + K + [\tfrac{K}{4}] + [\tfrac{J}{4}] + 5J) \bmod 7$$

Dabei ist

- h der gesuchte Wochentag, 0 entspricht Samstag, 1 Sonntag,…, 6 Freitag)
- q der Tag des Datums
- m der Monat des Datums, 3 entspricht März, 4 April,…, 12 Dezember, 13 Januar, 14 Februar. Bei Januar und Februar muss das Vorjahr genommen werden
- K das Jahr des Datums (letzte beiden Ziffern)
- J das Jahrhundert des Datums (erste beiden Ziffern)

Eckige Klammern bedeuten eine *Ganzzahldivision*, d.h. alle Nachkommastellen werden weggelassen. [34,7] = 34. Mod 7 ist der Rest, der bei Division durch 7 übrig bleibt. 23 mod 7 = 2, da 23:7 = 3 Rest 2 ist.

Wie sieht das beim Beispiel von oben aus?

- q = 3
- m = 10
- K = 59
- J = 19

Also:

$$h = (3 + [\tfrac{13(10+1)}{5}] + 59 + [\tfrac{59}{4}] + [\tfrac{19}{4}] + 5*19) \bmod 7$$

$$h = (3 + 28 + 59 + 14 + 4 + 95) \bmod 7$$

$$h = 203 \bmod 7 = 0 \ (29 \ \text{Rest} \ 0)$$

Damit ist der gesuchte Wochentag ein Samstag.

Aber Vorsicht, diese Formel gilt nur für die Zeit des Gregorianischen Kalenders, also ab 1583.

Lösung Kubischer Gleichungen

Eine kubische Gleichung hat die Form

$$ax^3+bx^2+cx+d=0$$

Die Lösung einer solchen Gleichung erfolgt in mehreren Schritten:

Zuerst teilt man die Gleichung durch a und bringt sie damit auf eine Gleichung der Form

$$x^3+\frac{b}{a}x^2+\frac{c}{a}x+\frac{d}{a} = 0$$

Dann substituiert man x durch $y - \frac{b}{3a}$ und eliminiert dadurch den quadratischen Teil. Wer's nicht glaubt, sollte es einfach mal durch Ausmultiplizieren probieren. Die Gleichung lautet nun

$$y^3 + py + q = 0$$

Im dritten Schritt findet man eine Lösung dieser Gleichung mit der *Cardanischen Formel*

$$y_1 = \sqrt[3]{-\frac{q}{2} + \sqrt{(\frac{q}{2})^2 + (\frac{p}{3})^3}} + \sqrt[3]{-\frac{q}{2} - \sqrt{(\frac{q}{2})^2 + (\frac{p}{3})^3}}$$

Macht man die Substitution wieder rückgängig, so hat man eine Lösung x_1 für die ursprüngliche Gleichung.

Durch Polynomdivision, also Division der Gleichung durch $(x-x_1)$ erhält man nun eine quadratische Gleichung, die man mit der abc Formel (Mitternachtsformel) lösen kann. Diese Formel liefert dann die anderen beiden Lösungen.

Zugegeben, nicht gerade einfach und auch keine Schulmathematik mehr. Sie sollten vorsichtig sein, damit anzugeben.

Die SI Einheiten

Maß	Einheit	Abk.	Definition
Zeit	Sekunde	s	Cäsiumfrequenz = $9192631770 \text{ s}^{-1}$
Länge	Meter	m	Lichtgeschwindigkeit im Vakuum = 299792458 m/s
Masse	Kilogramm	kg	Planck Konstante = $6{,}62607015 * 10^{-34} \text{ kgm}^2\text{s}^{-1}$
Elektr. Strom	Ampere	A	Elementarladung = $1{,}602176634 * 10^{-19} \text{ As}$
Thermodyn. Temperatur	Kelvin	K	Boltzmann Konstante = $1{,}380649 * 10^{-23} \text{ kgm}^2\text{s}^{-2}\text{K}^{-1}$
Stoffmenge	Mol	mol	1 mol enthält $6{,}02214076 * 10^{23}$ Einzelteilchen (z.B. Atome, Moleküle usw.)
Lichtstärke in eine bestimmte Richtung	Candela	cd	Das photometrische Strahlungsäquivalent der monochromatischen Strahlung der Frequenz $540 * 10^{12} \text{ Hz} = 683$

Übersicht Maße außerhalb unseres Dezimalsystems

Maß	Umrechnung ungefähr	Tipps zum Umgang
Zoll (Inch)	2,54 cm	Wird heute noch bei Installateuren benutzt. Der Begriff Zollstock hat sich gehalten.
Fuß (Foot)	30,48 cm	Wenn Sie Schuhgröße $48\frac{1}{2}$ haben, können Sie ihren Fußabdruck nutzen. 1 Fuß sind 12 Zoll.
Yard	91,44 cm	3 Fuß mit der Schuhgröße oben. Ca. 10% weniger als ein Meter. Das ist in vielen Fällen gut genug.
Meile (Mile)	1,609 km	Das gilt auf Land, die Seemeile ist 1,852 km lang. Dafür wurde der Erdumfang (Meridiankreis) als 40.000 km angenommen und dann durch 360 Grad des Vollkreises und noch mal durch 60 Bogenminuten geteilt.
Quadrat Fuß (Square Foot) = Foot^2	$30,48^2$ cm$^2 \approx 929$ cm$^2 = 0,093$ m^2	Wird im angelsächsischen oft verwendet, um die Fläche von Häusern anzugeben. Eine erste Näherung von foot^2 in m^2 erhält man durch Division durch 11.
Elle (Ägypten)	52,5 cm	Man sollte 1,95 m groß sein, dann sollte der Unterarm bis zum ausgestreckten Mittelfinger ungefähr eine Elle sein.
Acre	4047 m^2 oder 0,4 Ha	Wird oft zur Größenangabe von Grundstücken genutzt. Wäre in

		Deutschland eher ein Anwesen. Ein Fußballfeld hat ca. 1,8 Acre.
Pint	0,473 Liter (USA) 0,5683 Liter in GB	Schlecht eingeschenkte Halbe auf dem Oktoberfest (USA) bzw. sehr gut eingeschenkte Halbe in GB. Die Halbe auf dem Oktoberfest entspricht also eher einem amerikanischen Pint.
Gallone	3,785 Liter	4 ist eine sehr grobe Annäherung, aber man kann mit 4 rechnen und dann 10% abziehen. In USA wird der Spritverbrauch eines Wagens in Miles / Gallon (mpg) angegeben, also wie weit man mit einer Gallone Benzin fahren kann. Die Umrechnung ist ein bisschen kompliziert. Wenn ich n Liter pro km brauche, dann kann ich das wie folgt umrechnen. $2,35215/(n\,l/km) = mpg$ 10 Liter auf 100 km währen 0,1 Liter pro km und damit 23,5 mpg. Wollen Sie ein einigermaßen sparsames Auto in den USA kaufen, sollten sie auf ca. 30 mpg achten. Je höher, desto besser.
Kelvin	$n°K = (n-273,15)° C$	0 Grad Kelvin bezeichnet den absoluten Nullpunkt, bei dem alle Atome aufhören zu schwingen. Der liegt bei -273,5° C. Die kälteste Flüssigkeit auf der Erde ist flüssiges Helium, dessen

		Siedepunkt liegt bei -269° C oder 4,5° K
Fahrenheit	F= C x 1,8 + 32	Ein bisschen kompliziert im Kopf zu berechnen. Aber man kann folgende Zahlendreher nutzen: • 16° C ≈ 61° F • 28° C ≈ 82° F Dazu ist der 0-Punkt in Celsius bei ca. 32° Fahrenheit. Alles andere kann man schätzen: • < 32° F – sehr kalt • bis 61° F – frisch • bis 82 °F – angenehm • bis 100° F – warm • ab 100° F – heiß
Unze	28,5 g	Damit ist die Unze gemeint, die im angelsächsischen Raum zur Gewichtsbestimmung z.B. bei Lebensmitteln genutzt wird. Die Feinunze zur Bestimmung von Gold beträgt 31,1 g. Ein gutes Steak in den USA sollte schon über 10 Unzen haben.
Pound	453,6 g	Also ca. 10% weniger als unser Pfund. Damit kann man das auch ganz gut umrechnen.

Warum sind Rationale Zahlen abzählbar

Georg Cantor führte Ende des 19. Jahrhunderts folgende Methode ein, um rationale Zahlen in eine Reihenfolge zu bringen, sodass man jeder von ihnen eine natürliche Zahl zuweisen kann. Das Schema kann man wie folgt illustrieren:

Zähler

	0	1	2	3	4	5	...	
1	$\frac{1}{1}$	$\frac{2}{1}$	$\frac{3}{1}$	$\frac{4}{1}$	$\frac{5}{1}$	...		
2	$\frac{1}{2}$	$\frac{2}{2}$	$\frac{3}{2}$	$\frac{4}{2}$	$\frac{5}{2}$	...		
3	$\frac{1}{3}$	$\frac{2}{3}$	$\frac{3}{3}$	$\frac{4}{3}$	$\frac{5}{3}$	...		
4	$\frac{1}{4}$	$\frac{2}{4}$	$\frac{3}{4}$	$\frac{4}{4}$	$\frac{5}{4}$	...		
5	$\frac{1}{5}$	$\frac{2}{5}$	$\frac{3}{5}$	$\frac{4}{5}$	$\frac{5}{5}$	...		
6	$\frac{1}{6}$	$\frac{2}{6}$	$\frac{3}{6}$	$\frac{4}{6}$	$\frac{5}{6}$	...		
	...	...	...	...	...			

Nenner (linke Beschriftung der Zeilen)

Man schreibt also alle rationalen Zahlen in eine Tabelle mit unendlich vielen Zeilen und Spalten. Die Spaltennummer in diesem Beispiel ist dann der Zähler und die Zeilennummer der Nenner des Bruches. Dann zählt man einfach diagonal entlang der Pfeile. Die Diagonalen werden zwar immer länger, aber jede davon ist endlich. Somit erreicht man irgendwann jede rationale Zahl.

Oben sind jetzt nur die positiven rationalen Zahlen aufgelistet, aber das reicht als Beweis. Man kann ja den positiven Zahlen nur gerade natürliche Zahlen zuordnen und den negativen dann die ungeraden. Hier dann die Reihenfolge der ersten 7 rationalen Zahlen.

1	1/2	2	1/3	2/2	3/1	1/4
1	2	3	4	5	6	7

In diesem Beispiel bin ich etwas verschwenderisch mit den natürlichen Zahlen umgegangen, weil viele der rationalen Zahlen mehrfach (unendlich oft mehrfach) vorkommen, wenn man die Brüche entsprechend kürzt. 1 und 2/2 sind genauso Mehrfachnennungen wie 1/2 und 2/4. Das tut dem Beweis aber keinen Abbruch. Hauptsache, es gibt eine Reihenfolge, so dass alle irgendwann mal dran kommen.

Außerdem gibt es unendlich viele natürliche Zahlen, da kann man schon mal ein bisschen verschwenderisch sein.

Alle Kühe haben dieselbe Farbe

Um die Tücken eines Induktionsbeweises zu zeigen, stelle ich folgende Behauptung auf und beweise sie mit vollständiger Induktion:

Alle Kühe haben dieselbe Farbe

Induktionsverankerung:

Ich wähle zufällig eine Kuh aus und stelle fest, die Kuh hat eindeutig dieselbe Farbe.

Induktionsschritt:

Wenn die Behauptung für n Kühe zutrifft, dann kann man n+1 Kühe aufteilen in n Kühe und 1 Kuh. Für n Kühe trifft die Behauptung laut Annahme zu, was aber ist mit der einzelnen Kuh? Jetzt tausche ich die gegen eine andere Kuh aus der Herde und habe wieder n Kühe (die ja alle die gleiche Farbe haben) und eine Kuh, die ich aber aus der Herde der bereits gleichfarbigen Kühe habe. Damit haben auch n+1 Kühe dieselbe Farbe und die Behauptung ist bewiesen.

Fahren Sie mal ins Allgäu und sehen Sie sich die Realität an.

Der Fehler im obigen Beweis liegt wider Erwarten gar nicht im Induktionsschritt, sondern in der Induktionsverankerung. Hier darf ich nicht mit einer Kuh anfangen. Ich führe ja in dem Beweis eine Kuh mit unbestimmter Farbe hinzu und zeige, dass die dann dieselbe Farbe hat. Fange ich mit einer Kuh an, dann füge ich die der leeren Menge von Kühen zu und die hat keine Farbe, mit der ich sie vergleichen könnte. Fange ich aber mit zwei Kühen an, kann ich wirklich nicht mehr zeigen, dass die immer dieselbe Farbe haben.

Wie funktioniert RSA Verschlüsselung

Wenn man Daten verschlüsselt verschicken und empfangen möchte, brauchen Sender und Empfänger sowohl einen öffentlichen als auch einen privaten Schlüssel.

Um diese beiden Schlüssel zu erzeugen, braucht jeder von beiden zwei möglichst große Primzahlen p und q. Diese beiden Primzahlen werden Teil des privaten Schlüssels, deren Produkt n Teil des öffentlichen.

Dazu wählt man eine weitere Zahl e, die teilerfremd ist zur Eulerschen φ-Funktion $φ(n) = (1-p)*(1-q)$. Außerdem muss $1 < e < φ(n)$ sein. Das Pärchen (e, n) bildet dann den öffentlichen Schlüssel. e heißt auch öffentlicher *Verschlüsselungsexponent*.

Für den privaten Schlüssel braucht man neben den beiden Primzahlen p und q noch eine dritte Zahl d - den *Entschlüsselungsexponenten* - die sich aus

$$e*d \bmod φ(n) = 1$$

ergibt. d berechnet man dann nach dem erweiterten euklidischen Algorithmus, mit dem man ein d findet, für das $e*d/φ(n)$ eine natürliche Zahl mit Rest 1 ergibt. In der Praxis berechnet man d oft mit der Formel

$$d = \frac{1+(p-1)(q-1)}{e}$$

Der private Schlüssel besteht dann aus den drei Zahlen (d, p, q).

Nun wandelt der Sender die Nachricht mit einer einfachen Methode in Zahlen um (Buchstaben anhand ihrer Position im Alphabet), bündelt diese zu Viererblöcken und verschlüsselt sie mit dem öffentlichen Schlüssel des Empfängers. Dazu nutzt er die Formel $x^e \bmod(n)$ für jeden Viererblock x. Diese so verschlüsselten Zahlen schickt er an den Empfänger.

Der muss nun noch die empfangenen Zahlen entschlüsseln, dazu braucht er den privaten Schlüssel. Dazu berechnet er für jeden empfangenen Viererblock $y^d = x^{ed}$, wobei y dann der entschlüsselte Viererblock ist. Der muss dann noch mit der gleichen Methode wie oben (Buchstaben anhand ihrer Position im Alphabet) in die ursprüngliche Nachricht übersetzt werden.

Das Urnenmodel in der Wahrscheinlichkeitstheorie.

Der Name kommt vom Beispiel einer Urne, aus der Kugeln gezogen werden. Alle Kugeln haben die gleichen Wahrscheinlichkeiten. Es gibt die Unterscheidung, ob Kugeln wieder zurückgelegt werden oder nicht, sowie ob die Reihenfolge relevant ist (geordnetes Ziehen).

	Geordnetes Ziehen	Ungeordnetes Ziehen
Mit Zurücklegen	M_I	M_{IV}
Ohne Zurücklegen	M_{II}	M_{III}

Für die Anzahl der möglichen Ziehungen gelten folgende Formeln, bei denen n die Anzahl der Kugeln und k die Anzahl der Versuche ist.

Geordnetes Ziehen mit Zurücklegen:

$$M_I = n^k$$

Beim ersten Versuch hat man n mögliche Ergebnisse. Da die „Kugel" wieder zurückgelegt wird, hat man im nächsten (und den darauffolgenden) wieder n mögliche Ergebnisse.

Beispiel: Wie viele Möglichkeiten gibt es mit 10 Ziffern eine vierstellige Telefonnummer zu erzeugen? Es gibt 10 Ziffern, also ist n = 10 und k=4. Es gibt also $10^4 = 10.000$ Möglichkeiten.

Geordnetes Ziehen ohne Zurücklegen:

$$M_{II} = \frac{n!}{(n-k)!}$$

Da man die „Kugel" nicht wieder zurück legt, hat man in jedem Folgezug ein mögliches Ergebnis weniger, also n(n-1)(n-2)...(n-k+1)

Beispiel: Wie viele Möglichkeiten gibt es, das Wort Sport anzuordnen? Hier ist sowohl k als auch n gleich 5 und man erhält M = $\frac{5!}{(5-5)!}$ = 5! = 120. Man beachte, dass 0! = 1 gilt.

Ungeordnetes Ziehen ohne Zurücklegen:

$$M_{III} = \frac{n!}{k!(n-k)!} = \binom{n}{k}$$

Da hier die Reihenfolge keine Rolle spielt, erhält man M_{III} aus M_{II}, indem man alle möglichen Permutationen (k!) aus M_{II} herausdividiert: Also $M_{III} = \frac{1}{k!} M_{II}$

Beispiel: Auf 15 Personen werden 3 Karten für das Kino verteilt. Auf wie viele Arten können die Karten verteilt werden, wenn jeder höchstens eine Karte erhält und sich die Karten auf nicht nummerierte Sitzplätze beziehen? Hier ist n = 15 und k = 3 und man erhält

$$M = \frac{15!}{3!(15-3)!} = 455$$

Ungeordnetes Ziehen mit Zurücklegen:

$$M_{IV} = \frac{(n+k-1)!}{k!(n-1)!} = \binom{n+1-k}{k}$$

Beispiel: In einer Bäckerei werden vier verschiedene Kuchensorten, die in ausreichender Menge vorhanden sind (daher „mit Zurücklegen") verkauft. Wie viele Kombinationsmöglichkeiten gibt es, wenn man sieben Stücke kaufen möchte? Es gibt vier Kuchensorten, daher gilt *n*=4; sieben Stücke sollen gekauft werden, also folgt *k*=7. Das Ergebnis ist 120.

Wie wahrscheinlich ist ein Kniffel

Hier die Logik, mit der man auf die Wahrscheinlichkeit eines Kniffels bei drei Würfen und optimaler Strategie kommt:

1. Man würfelt sofort einen Kniffel, der erste Versuch sitzt, die Freude ist groß, man würfelt natürlich nicht weiter. Die Wahrscheinlichkeit ist 0,077%, wie wir oben schon gesehen haben.

2. Man würfelt einen Vierling. Die Wahrscheinlichkeit beträgt 150/7776. Die 150 entstehen aus: 5 Möglichkeiten, wo die falsche Zahl liegt * 5 Möglichkeiten, wie die falsche Zahl lautet * 6 Möglichkeiten für die richtige Zahl. Dann würfelt man mit einem Würfel weiter

   a. Kniffel – man würfelt nicht weiter
      Wahrscheinlichkeit (150/7776)*1/6 ≈ 0,321%

   b. Niete, dann Kniffel – Wahrscheinlichkeit
      (150/7776)*5/6*1/6 ≈ 0,268%

3. Man würfelt einen Drilling. Die Wahrscheinlichkeit beträgt 1500/7776. Es gibt 10 Möglichkeiten, einen Drilling auf 5 Würfel zu verteilen. Für die beiden Nieten gibt es je 5, also 25 zusammen. Wieder gibt es 6 Zahlen, aus denen ein Drilling bestehen kann. 10*25*6 = 1500. Man würfelt mit zwei Würfeln weiter.

   a. Kniffel – man würfelt nicht weiter
      Wahrscheinlichkeit (1500/7776)*(1/36) ≈ 0,536%

   b. Einer passt, der andere nicht, man hat also vier von einer Sorte. Das kann der erste Würfel sein, dann hätte der andere noch 5 Möglichkeiten oder der zweite, dann hätte der erste noch 5 Möglichkeiten. Also 10 Erfolge bei 36 Möglichkeiten. Man würfelt mit einem Würfel weiter, der muss dann passen. Wahrscheinlichkeit (1500/7776)*(10/36)*(1/6) ≈ 0,893%

c. Keiner passt (davon gibts 5*5 = 25 Versionen), man würfelt noch mal mit zwei Würfeln und erhält dann den Kniffel. Wahrscheinlichkeit (1500/7776)*(25/36)*(1/36) ≈ 0,372%

4. Man würfelt einen Zwilling. Bei zwei Zwillingen sucht man sich einen aus. Jedenfalls geht es mit drei Würfeln weiter. Wahrscheinlichkeit (5400/7776). Hier kann man die bisherigen Wahrscheinlichkeiten für Kniffel, Vierling und Drilling sowie die Wahrscheinlichkeit, dass alle verschieden sind (siehe Punkt 5) von 7776 abziehen und erhält 5400.

   a. Kniffel, man würfelt nicht weiter Wahrscheinlichkeit (5400/7776)*(1/216) ≈ 0,322%

   b. Man würfelt noch mal zwei von derselben Zahl und erhält einen Vierling. Beim dritten Wurf muss die Zahl dann passen. Wahrscheinlichkeit (5400/7776)*(15/216)*(1/6) ≈ 0,804%

   c. Man würfelt eine weitere derselben Zahl und im letzten Versuch die beiden fehlenden. Oder man würfelt einen Drilling mit einer anderen Zahl. Wahrscheinlichkeit (5400/7776)*(80/216)*(1/36) ≈ 0,714%

   d. Man würfelt zwei Nieten und im dritten Versuch die fehlenden drei der ursprünglichen Zahl. Wahrscheinlichkeit (5400/7776)*(120/216)*(1/216) ≈ 0,179%

5. Man würfelt 5 verschiedene Zahlen und würfelt alle neu. Wahrscheinlichkeit: 720/7776 (Der erste Würfel hat 6 Möglichkeiten, der zweite 5, der dritte 4, usw., also 6*5*4*3*2=720)

   a. Kniffel man würfelt nicht weiter. Wahrscheinlichkeit (720/7776)*(1/1296) ≈ 0,0071%

   b. Vierling, man würfelt mit einem weiter zum Kniffel. Wahrscheinlichkeit (720/7776)*(150/7776)*(1/6) ≈ 0,0298%

c. Drilling, man würfelt mit zwei weiter.
Wahrscheinlichkeit (720/7776)*(1500/7776)*(1/36) ≈ 0,05%

d. Zwilling, man würfelt mit drei weiter.
Wahrscheinlichkeit (720/7776)*(5400/7776)*(1/216) ≈ 0,03%

e. Wieder alle verschieden, man würfelt noch mal mit allen. Wahrscheinlichkeit (720/7776)*(720/7776)*(1/1296) ≈ 0,007%

In jeder der 5 Kategorien kann man nun durch Addition der Einzelwahrscheinlichkeiten die jeweiligen Erfolgsaussichten ermitteln:

1. 0,077%
2. 0,59%
3. 1,8%
4. 2,02%
5. 0,117%

Addiert man diese 5, so ergibt sich die Gesamtwahrscheinlichkeit, einen Kniffel zu würfeln: ca. 4,6%.

Quellen

www.de.wikipedia.org

www.wictionary.org

www.ingenieur.de

www.spektrum.de

www.superprof.de/blog/zahlen-mathematik-maya/

www.mathezentrale.de/maya/maya1.htm

www.entwickler.de

www.stern.de

www.forschung-und-lehre.de/forschung

www.mathetreff-online.de

Jürgen Brater – Mathe Magic

Ian Steward – Weltformeln

Big Ideas – Das Mathebuch

Zeitfracht Medien GmbH
Ferdinand-Jühlke-Straße 7
99095 Erfurt, Deutschland
produktsicherheit@kolibri360.de